차례

제1부 들나물

의학에서는 봄을 '발진發陳'이라고 한다. 발진이란 묵은 것을 털고 솟아오른다는 뜻이다. 입춘이 지나고 나날이 기온이 상승하면 산과 들에는 식물이 소생할 차비를 한다. 그러나 사람은 기온이 오르면서 신진대사가 빨라지는 반면, 겨울에 과도하게 소모된 몸의 기운이 신진대사를 따라가지 못하여 피곤하고 입맛이 떨어지며 나른하고 시도 때도 없이 졸기도 한다. 이런 현상을 '춘곤증'이라하고, 우리말로 흔히 '봄을 탄다.'고 말한다.

춘곤증이 오면 몸의 부족한 기력을 보충해주어 체내 신진대사 속도에 맞추는 것이 중요하다. 이에 적합한 먹거리가 곧 이른 봄에 나는 들나물이다. 겨우내 꽁꽁 언 땅속에서 새싹을 틔우기 위해 땅의 진액과 정기를 모은 식물의 뿌리는 이른 봄 얼었다 녹기를 반복하는 땅을 뚫고 힘차게 치솟는다.

그리하여 이른 봄의 봄나물은 상승하는 기운이 강하다. 솟구치는 성분이 사람의 기능을 증진시켜 신진대사를 원활하게 한다. 이른 봄에 가장 먼저 먹을 수 있는 봄나물들은 냉이와 달래, 쑥, 씀바귀 종류, 바다나물이다. 봄나물들은 대게 쓴 맛이 나는데, 이러한 쓴맛이 한방에서는 허열을 내려주고 입맛을 돋게 한다고 말한다.

이른 봄에 돋아나는 풀은 독성이 없다지만, 먹어보지 않은 이름 모를 풀을 캐기는 께름칙하다. 눈에 익은 냉이와 민들레, 씀바귀, 꽃 다지 등이 함께 캘 수 있는 나물이다. 사람도 올되고 늦됨이 있듯이, 같은 환경을 견디면서도 올냉이 늦냉이가 확연히 구분된다. 냉이를 캐면서부터 콩가루에 버무려 끓인 구수한 냉잇국 맛이 생각나고, 초 고추장에 무친 상큼한 냉이무침을 떠올리면 입안에 군침이 돌게 마 련이다.

나의 산나물 산행은 3월 중순부터 시작해서 6월 중순까지 계속되 고, 9월부터는 더덕과 당귀, 도라지 등 구근류 채취에서부터 머루 다 래 등 산과실 채취가 10월까지 계속된다. 혹자는 자연보호에 역행하 는 짓이 아닌가 고까운 눈으로 보기도 하겠지만, 나는 누구보다도 자연을 사랑한다.

산이나 들에서 눈에 띄는 쓰레기를 줍는 것은 물론이고, 산나물 한 포기 열매 한 톨이라도 번식과 자생에 지장이 있을 것 같으면 가 꾸고 보호한다. 임산물은 자생지의 환경이 변하고 파괴되면 자취를 감춘다. 내 텃밭같이 사랑하고 아끼지 않으면 마음에 드는 수확을 거둘 수 없음을 나는 경험으로 터득했다.

제1장과 제2장에서 소개하고자 하는 들나물과 산나물은 40여 종 류에 이른다. 내 손으로 채취해서 먹어 본 산나물은 그보다 훨씬 많 지만, 뛰어난 맛과 향도 없을뿐더러 구태여 더 많은 것을 안다고 해 도 별 도움이 되지 않기에 추려냈다.

사람들의 기호와 취향은 체질에 따라 달라진다. 돼지고기를 싫어하는 사람이 있고, 닭고기를 싫어하는 사람이 따로 있듯이 과일과 채소도 마찬가지다. 특히 산나물은 종류도 많고 맛과 향이 각기 다르다. 산행을 하면서 내 손으로 산나물을 채취해보면 입에 맞고 취향에 맞는 맛과 향이 가려지게 마련이다. 남이 좋아한다고 내게도 좋으려니 여기고 억지로 먹을 필요는 없다.

40여 종의 산나물 중에서 다만 네댓 가지만이라도 내 힘의 능력과 취향에 맞춰 선택하게 된다면 차차 산나물 산행의 깊은 멋과 맛에 빠져들게 될 것이다. 처음부터 무리하면 쉽게 싫증을 느끼게 된다. 들판에서부터 야산으로 점차 발을 넓히다보면, 자연스레 여러 가지 산나물도 알게 되고 각기 다른 맛의 진가와 신비함도 터득하게 될 것이다.

거듭 강조하거니와 내 능력에 맞는 산행을 선택하고, 내 입에 맞는 산나물을 욕심 없이 채취해서 멋과 맛을 즐기는 것이 자연을 사랑하는 마음이고 자연에 대한 예의다.

산행을 할 때는 몇 가지 숙지해야 할 요령이 있다. 등산복을 제대로 갖추어야 하는 것은 물론이고, 특히 뱀에 물릴 염려도 있으므로 등산화는 운두가 높고 튼튼해야 발도 편하고 피로도 덜 온다. 급변하는 날씨에 대비한 비옷과 젖은 옷을 갈아입을 수 있는 간단한 예비 옷을 늘 준비하는 것이 좋다.

산을 탈 때도 어느 산이든 산을 얕보아서는 안 된다. 산에 대한 경외지심敬畏之心을 늘 갖고 산을 타야 한다. 마을 인근의 산을 탈 때는 주위에 마을이 있어 지리를 판단할 수 있지만, 높은 산을 탈 때는 산의 지형과 주변 지리를 잘 파악해두어야 한다.

높은 산에서 정신없이 산나물을 뜯다보면, 주위를 돌아볼 겨를도 없이 능선을 넘고 계곡을 오르내리기 마련이다. 높고 깊은 산의 능선과 계곡은 하나같이 엇비슷하다. 틀림없이 올라온 능선 같아서 내려가 보면 전혀 엉뚱한 산이라서 당황하게 된다.

높은 산의 능선은 낮아지면서 수많은 작은 능선으로 갈라지기 때문에 정상부에서 한 능선만 잘못 타도 계곡으로 내려오면 엄청난 거리의 차이가 난다. 내려올 방향은 제대로 잡았다 하더라도 맨 처음 올라온 계곡과는 2~3km, 때로는 6~7km가 넘게 거리 차이가 나서 몇 시간씩 찾아 헤매는 경우가 허다한 것이다.

일행과의 집합장소나 차를 둔 곳의 방향을 제대로 잡고 하산했다면 다행이지만, 아예 방향을 잃었다면 큰 낭패를 보게 된다. 동쪽에서 올라와 서쪽으로 내려간 경우를 생각하면 이해가 될 것이다. 동에서 올라와 남쪽이나 북쪽으로 내려갔다면 그나마 다행이겠지만, 서쪽으로 내려갔다면 어디서 묵어도 하룻밤 묵어야 집에 갈 수 있을 것이다.

실제 우리 친지들 중에는 그렇게 산을 잘못 타서 하룻밤씩 묵어온 친구가 두셋 된다. 그 지경이 되면 본인은 물론 고생이지만, 같이 산행을 한 일행들도 근심 걱정과 기다림에 지쳐 속이 타다 못해 재가 되어 너부러지게 마련이다. 높은 산 산행을 할 때는 꼭 일행이 있어야 한다. 아무리 산행에 자신이 있고, 지형을 잘 안다고 해도 혼자서 장거리나 고산지대의 산행은 하지 않는 것이 좋다.

1. 냉이

냉이성채

　'냉이'를 강원도나 경상도, 충청도에서는 '나새이'라고 한다. '동의보감'에 냉이를 '나이'라고 기록했는데, 그 나이가 나새이로 변했을 것이라고 믿는다. 나는 지금도 냉이보다는 나새이가 입에 올라 나새이라고 부른다. 냉잇국보다는 '나새이국'이라면 더 입맛이 도니 어쩔 수 없다. 입에 오른 말이 하기 좋고 듣기에도 좋은 것은 어쩔 수 없나보다. 우리 세대가 모두 죽고 나면, 나새이는 없어지고 냉이만 남을 것이다.

　냉이는 겨잣과의 두해살이풀이다. 한자로는 냉이 제薺를 써서 제채薺菜라 하는데, 우리나라의 야생 나물 중에서 그 해에 제일 이르게 먹을 수 있는 나물이다. 우리가 흔히 나물로만 알고 있는 냉이가 옛부터 만병통치약이라고 할 만큼 각종 질환의 예방과 치유에 효험이 있다고 전해진다.

냉이는 땅거죽이 해동되어 질퍽해지면 벌써 잎에 생기가 돈다. 뿌리 내린 땅속은 아직 꽁꽁 얼어 한겨울이지만, 마른 잎에 습기만 받으면 푸른 기운이 되살아나는 것이다. 그렇게 푸른 기운이 돌기 시작하는 냉이싹은 꽃샘 눈, 꽃샘바람이 제아무리 매서워도 날로 푸르름을 더해간다.

3월 초순이 지나 냉이가 뿌리내린 땅 겉만 해동이 되면 속잎이 피기 시작한다. 철이 이르고 늦음에 따라 며칠간의 차이는 나지만, 3월 중순이 넘으면 조숙한 냉이는 벌써 환갑을 맞는다. 식물의 환갑은 꽃대가 올라오고 꽃망울이 맺히면 환갑이라고 말한다. 꽃대가 앉은 냉이는 뿌리에 심이 생기고 잎도 쇠어서 맛이 없다.

자연의 이치는 참으로 오묘하다. 잎을 피운 지 불과 보름 남짓한 사이에 그 여리던 잎과 뿌리가 쇠어진들 얼마나 질겨질까마는 그 맛과 향기는 천양지차이다. 번식을 위하여 꽃을 피울 때는 죽이지 말라는 자연의 지엄한 섭리일 것이다.

그러니까 야생 냉이를 먹을 시기는 3월 중순에서 말경까지 불과 보름 남짓이다. 그러나 인간에게는 참으로 다행하게도 양지와 음지의 냉이가 생육의 차이를 보이므로, 바지런한 사람이라면 4월 중순까지는 냉이를 맛볼 수 있을 것이다. 냉이는 뿌리가 실해야 맛이 좋다. 달착지근하면서도 생긋한 뿌리의 향기가 바로 봄의 맛이다.

겨우내 묵은 김치와 인공 재배한 채소만 먹던 입에 말로는 다 표현할 수 없는 그 자연의 맛이라니! 그 맛을 꿀떡같이 생각하며 뿌리 굵은 냉이를 찾기 마련인데, 냉이를 캐다보면 실성한 사람처럼 혼자

픽! 픽! 웃을 때가 있다. 잎이 실해서 뿌리도 실하겠구나 싶어 캐보면 웬걸, 뿌리가 실낱같다. 그래도 사람 욕심에 싹이 실한 놈만 골라 캐기 마련이다. 한데, 때로는 싹은 볼 것 없어도 뿌리가 우람(?)한 놈이 심심찮게 나오니 참 헷갈린다. 사람도 겉보기에 크다고 속속들이 큰 것이 아니듯이, 냉이도 그 짝이라고 생각하면 저절로 실소가 나온다.

지금은 밭에 제초제를 많이 써서 그렇게 흔하던 냉이도 귀해졌다. 전 해에 콩이나 옥수수, 고추를 심었던 산자락 밭에 가야 냉이를 캘 수 있다. 냉이는 두 해살이 식물이다. 여느 풀들이 한창 자라기 시작할 때면 벌써 꽃이 지고 열매를 맺는다. 그리하여 풀이나 곡식이 자라 그늘이 지기 전에 씨가 여물고, 씨 꼬투리가 뒤틀려 터지며 씨앗이 튀어 흩뿌려진다.

어미의 주변에 흩뿌려진 씨앗은 8월경 주위의 풀들이 환갑을 맞을 무렵부터 싹이 돋아나기 시작해서, 9월이 되면 이웃의 풀들이 한살이를 마감하고 시들면 비로소 햇볕을 받아 왕성하게 자라기 시작한다. 그리하여 서리가 내리면 성체가 되어 우리가 먹을 수 있는 가을 냉이가 되는 것이다. 가을 냉이는 봄 냉이에 비해 맛이 훨씬 덜하다. 그도 그럴 것이, 혹독한 겨울을 겪지도 않았을 뿐더러 내년 봄에 번식을 해야 할 임무도 있으니 아직 생을 마감할 시기가 아닌 것이다.

같은 야생 냉이라도 시장에서 사는 것보다는 내 손으로 캔 냉이 맛이 훨씬 좋다는 것은 말할 필요가 없겠지만, 그래도 강조하고 싶다. 요즈음은 냉이도 제배를 하는데, 시장에서 파는 냉이는 캔 지 이미 며칠이 지났고, 시들까봐 자꾸 물을 뿌려 심이 생기기 때문에 질겨지고 맛도 향도 반감한다.

이른 봄, 봄나들이 삼아 들판에 나가면 별로 힘 안들이고 냉이를 캘 수 있고, 화사한 봄의 햇살도 즐길 수 있어 두루 즐겁다. 혹시 식구들이 모두 출동해서 냉이를 넉넉하게 캐와 두서너 끼 먹고도 남았다면, 살짝 데쳐 물기를 대강 짜서 한두 좨기씩 위생봉지에 넣어 얼려두면, 두고두고 냉이된장찌개 맛을 즐길 수 있을 것이다. 냉이는 잎이 여리고 연해서 생으로 오래 보관할 수는 없다. 살짝 데쳐 물기를 꼭 짜서 냉장실에 보관하면 일주일간은 두고 먹을 수 있다.

내 경험에 의한 냉이 요리 한 가지를 소개한다. 냉이된장찌개와 냉이무침은 모든 사람들이 너무 잘 아는 조리법이라 말할 필요가 없을 것이고, 혹시 냉이콩국을 끓여 먹어본 적이 있으신 지? 나이 지긋한 사람들이라면 어찌 냉이콩국 맛과 끓이는 방법을 모를까마는, 그래도 모르는 사람도 있을 것이므로 자랑삼아 설명을 해야겠다.

떡잎과 잔뿌리를 다듬은 냉이를 씻어 물기를 완전하게 뺀 다음, 너무 큰 것은 숭덩숭덩 썬다. 앞으로 <숭덩숭덩 썰기> 와 <송송송 썰기> 라는 말이 자주 나올 것 같아서 미리 말해 두거니와, 숭덩숭덩은 그 나물 자체의 크기에 따라 큼직하게, 송송은 잘게 썬다는 말임을 밝혀둔다.

썰어놓은 냉이에 생 콩가루를 골고루 뿌려 버무린다. 냉이에 물기가 많으면 콩가루가 엉겨 붙어 냉이 향이 죽는다. 다시마와 멸치를 넣어 끌인 육수에 된장을 엷게 풀어 팔팔 끓인 다음, 콩가루에 버무린 냉이를 풀어 넣고 센 불에 확 끓여 낸다. 너무 끓이면 냉이의 맛도 향기도 덜한 뿐더러 콩가루가 풀어져 국물이 걸쭉해진다.

냉이콩국 맛은 달리 표현할 필요도 없다. 냉이콩국은 제탕薺湯이라 하여 임금님 수랏상에 오르던 별식이었다. 나들이를 즐길 겸 들판에 나가 손수 냉이를 캐고, 내 손으로 캔 냉잇국과 냉이무침을 해먹는 그 맛은 각별할 것이다. 게다가 이른 봄의 냉이는 춘곤증을 이기는 보약이다.

냉이를 캐다 보면 민들레와 씀바귀도 눈에 띈다. 이른 봄에 나오는 씀바귀는 잎이 가늘고 냉이처럼 잎이 땅바닥에 깔린다. 잎을 따보면 하얀 즙액이 나오는 것을 볼 수 있다. 씀바귀는 잎은 여리지만 뿌리는 제법 실해서 캐는 재미도 쏠쏠하다.

민들레와 씀바귀를 많이 캤다면 그것만으로 김치를 담거나 살짝 데쳐 무침으로 해먹을 수 있지만, 양이 적다면 냉이와 섞어 무침을 하던가, 냉이와 섞어 김치를 담아도 맛이 기막히게 좋다.

냉이의 주성분과 효능

냉이 채취

냉이는 야생 나물 중 단백질 함량이 가장 높다. 칼슘과 칼륨, 철분, 망간의 함유량이 많은 알칼리성 식품이다. 비타민 A와 C, K성분이 다량 함유되었을 뿐만 아니라, 아세틸콜린, 콜린, 봄베른, 브루신 등 많은 특수성분이 있어 약리 효과가 높은 것이 특징이다.

냉이의 효능은 간에 쌓인 독을 풀어 주고 간 기능을 정상으로 회복하게 하게 해주는데 도움을 준다. 냉이에 많이 함유되어 있는 칼륨 성분이 나트륨을 배출하는데 도움을 준다. 비위를 이롭게 해서 한방에서는 소화제, 지사제로 사용한다. 지혈효과가 있어 보혈제로 사용하며, 이뇨효과가 있어 부종이 있는 사람이 섭취하면 좋다. 냉이의 콜린성분으로 인해 간장의 활동이 촉진되고 내장운동이 보조를 받아 간장쇠약, 간염, 간경화 등의 간장질환에 효과적이며 눈을 밝게 해준다.

2. 달래

산달래

달래와 냉이는 봄나물의 대명사다. 꽃샘바람이 제아무리 심술을 부려도 달래와 냉이는 어김없이 제 철에 모습을 보인다. 달래는 예로부터 들에서 나는 약재라고 해서, 봄에 가장 먼저 임금님께 바치던 진상식품이었다.

달래도 지금은 재배가 많이 되어 사시사철 먹을 수 있지만, 야생 달래의 매큼한 맛과 짙은 향기에는 감히 비할 바가 못 된다. 달래를 한방에서는 야산野蒜이라고 한다. 산蒜자가 마늘 산 자이므로 곧 들마늘이라는 뜻이다. 따라서 재배 달래는 야산이라고 말할 수도 없을 것이다.

달래를 강원도와 충청도 사람들은 '달롱'이라고 부른다. 역시 내 입에는 달롱이 올라 있어 늘 달롱이다. 달롱 간장에 입쌀밥을 비벼먹는 그 맛이라니! 달롱 간장에 치는 기름은 들기름이 제격이다. 참기름은 향이 너무 짙어 달래 향이 질진다.

달롱을 송송 썰어 넣은 간장에 들기름을 듬뿍 쳐서 따끈한 쌀밥에 썩썩 비벼 한 숟가락 입에 넣으면, 고소한 들기름 맛과 매큼한 달롱 향기에 씹을 것도 없이 그냥 슬슬 녹는다. 뱃속에서 빨리 넘겨 보내라고 아우성쳐서 꿀꺽 삼키다보면 목구멍이 뜨끈하다. 목구멍에 잔뜩 끼었던 매연과 불순물이 깨끗하게 닦여 넘어갔음을 단박 시원하게 느낄 수 있다. 금방 달래 효과를 보는 셈이다.

머리가 희끗희끗한 어른이 아이들처럼 간장에 밥 비벼 먹는다고 식구들이 놀리기도 하지만, 봄이 지나가면 나는 벌써 그 감칠맛이 못 견디게 기다려진다. 그 맛은 인공조미료가 전혀 가미되지 않은 자연 그대로의 맛이기에 더욱 그렇다.

모든 산나물들이 다 그렇지만, 특히 연한 달래의 맛과 향은 캐는 즉시 먹어야 허실 없이 오붓하다. 캔 지 2~3일만 지나도 벌써 향이 반은 사라진다. 달래를 보관할 때는 절대 물에 씻지 말아야 한다. 캐 온 그대로 흙만 털어서 검은 비닐봉지에 넣어 냉장실에 보관한다. 잘만 보관하면 보름 정도는 그런 대로 두고 먹을 수 있다.

달래의 조리법과 영양 가치에 대해서는 따로 말할 필요가 없을 것 같고, 한 가지만 내가 느낀 맛을 자랑해야겠다. 바로 삼겹살에 상추를 곁들여 싸 먹는 맛이다. 달래만 있으면 마늘이 필요 없다. 달래가 바로 들 마늘이 아니던가. 삼겹살도 돼지껍데기가 붙은 두툼하고도 큼직한 고깃점을 노랗게 구워서 상추에 얹고, 통달래를 서리서리 서려 얹어 싸고는 소주 한잔을 쭈―욱 들이키고 볼이 터지게 씹어 먹는 그 맛은 가히 몰아지경이다. 동글동글한 달래 뿌리가 씹히는 그 감촉과 매콤한 맛은 둘이 먹다 하나가 죽어도 모를 정도다.

달래는 냉이보다는 좀 늦게 난다. 3월 말경부터 양지쪽 산비탈이나 밭두렁에 돋기 시작하는데, 달래 역시 싹이 돋기 시작하면 금방 자란다. 바늘 끝처럼 올라오다가 사나흘만 지나면 손가락 길이만큼 자란다.

달래는 두 가지 방법으로 번식한다. 당연히 씨로 번식하고, 또한 뿌리로도 번식한다. 한 해를 묵은 뿌리는 굵기가 팥알 만 한데, 그 알뿌리가 새끼를 치는 것이다. 군락지의 달래를 캐보면 굵은 알뿌리 주위에 녹두알 만한 새끼뿌리가 엉겨 붙어 있는 것을 볼 수 있다. 그리하여 달래는 빼곡하게 군락을 이룬다.

달래 군락지를 보면 꼭 누군가 씨를 뿌려놓은 것 같다. 머릿결 좋은 처녀들의 생머리처럼 빼곡하고 가지런하게 자라는데, 캐기도 손쉽다. 머리채를 잡듯이 움켜잡고 한 손으로 호미나 막대기를 들고 뿌리 밑의 땅을 쑤석거리면 한 모숨씩 뽑을 수 있다. 물론 그렇게 캘 수 있을 때는 손으로 잡을 만큼 자랐을 시기다. 이른 봄에는 미처 자라지 않아 캐기는 캐도 분한이 없다. 그래도 맛과 향은 어릴 때가 더 짙다. 달래 군락지는 마을 인근의 야산이나 산자락의 흙살이 좋은 서향이나 동향의 양지쪽에 많다.

씨로 번식하는 달래와 뿌리로 번식하는 달래가 같은 종인지 어떤지는 나도 알 수 없다. 크기만 다를 뿐 생김과 맛은 비슷한데, 뿌리로 번식하는 달래는 꽃대가 올라오지 않는다. 씨로 번식하는 달래의 자생지는 인적이 드문 양지바른 산골짜기 비탈이나, 마른 개울 둔덕이다. 마른 개울이란 장마 때만 물이 흐르는 개울을 말한다. 그런 지형의 달래는 무더기를 이루지 않고 한 대궁씩 군생을 이루어 자란다.

오래 묵은 놈일수록 뿌리와 줄기가 굵다. 사람 발길이 닿지 않은 외진 지역의 달래는 줄기가 손가락 굵기 만한 것들도 있다. 그런 놈의 뿌리는 자잘한 밤톨만도 한데, 맵고 알싸한 그 맛과 향이 마늘이나 양파에 비길 바가 아니다. 그런 달래를 서너 뿌리 먹고 나면, 불로초라도 먹은 듯이 속이 포만하고 기분이 좋다. 맛있게 즐겁게 먹고, 먹고 나서도 기분이 좋으면 그게 바로 불로초가 아니겠는가. 특히 달래를 날로 먹으면 비타민C를 가장 효율적으로 섭취할 수 있다. 달래를 조리할 때 식초를 곁들이면 비타민C의 파괴를 줄일 수 있고, 특유의 매운 맛도 감소할 수 있어 여성이나 아이들도 즐겨 먹을 수 있다.

달래가 나올 시기면 고들빼기나 민들레, 씀바귀나물도 캘 수 있는데, 이들 쓴 맛이 나는 나물들과 달래를 혼합하여 김치를 담으면 맛과 향이 기막히게 좋을뿐더러 그 효능은 그대로 보약일 것이다.

달래의 주성분과 효능

달래는 탄수화물, 칼슘, 알리신, 인, 철, 비타민C 등의 무기질이 풍부한 알칼리성 식품이다. 특히 칼슘은 100g당 169mg이 함유되어있다. 달래의 알리신은 산화기능, 항암작용 등 우리 몸의 면역 기능을 높여주어 저항기능을 키워준다. 특히 달래에 들어 있는 성분 중 비타민C와 함께 가장 풍부한 칼슘은 스트레스를 완화시키는 작용이 뛰어나고 비타민C가 부신피질 호르몬의 분비를 도와 신경을 안정시킴으로써 수면장애에 도움을 준다.

달래는 비타민C가 특히 풍부한데 피부의 신진대사를 촉진하기 때문에 피부의 노화를 막아주고 기미, 주근깨의 원인인 멜라닌 색소의 생성을 억제하는 작용을 한다. 여성에게 부족하기 쉬운 철분을 다량 함유한 달래는 여성의 자궁출혈이나 월경불순에도 효과가 있다. 한방에서는 달래를 말린 뒤 달여 마시면 보혈작용을 하여 여성 질환에 도움이 된다고 한다.

3. 전호

전호나물은 미나릿과의 식물로 학명은 아삼蛾蔘이고, 그 뿌리를 한방에서는 전호前胡라고 한다. 아蛾자는 누에나방 아蛾자인데, 미인의 눈썹을 아미蛾眉라고 한다. 약초에는 얼토당토않은 한자음이 붙은 이름이 참 많다. 아삼蛾蔘도 그 중의 하나로, 인삼이나 사삼沙蔘이라고 하는 더덕과도 완전히 다른 미나릿과의 식물인데도 학명이 아삼이다. 그 이유는 뿌리를 약제로 쓰기 때문이 아닐까 생각한다.

산나물 치고 약이 되지 않는 나물이 없을 정도로 자연산 모든 나물은 그대로 보약재이다. 그리하여 각종 들나물 산나물에 대한 많은 민간요법이 전해진다. 무슨 음식이든 내 입에 맞는 음식을 먹고 싶을 때 맛있게 먹으면, 바로 그게 내 몸의 보약이라고 나는 늘 생각한다. 하지만, 입에 맞는 음식을 먹고 싶을 때마다 먹을 수 있는 사람이 과연 얼마나 있을까? 있다면 그런 사람들은 세상에서 가장 행복한 사람일 것이다.

전호나물

　전호를 경기도 북부 사람들은 '물상추'라고 한다. 생김새며 그 맛도 상추와는 판이하게 다른데 어째서 물상추라고 하는지 그 이유는 알 수가 없다. 아무튼 바디나물 역시 이른 봄에 먹을 수 있는 나물이다.

　개울가 습지나 마른 개울 둔덕에 군락을 이루는데, 잎이 홍당무 잎과 엇비슷하게 생겼다. 생김새는 똑같지만 털전호라는 것이 있는데, 말 그대로 줄기에 부옇게 잔털이 났다. 맛은 같지만 선입감이 좋지 않아 나는 털전호는 뜯지 않는다.

　3월 중순부터 싹이 돋기는 하지만 너무 어린것은 분한이 없어 뜯는 재미가 덜하고, 3월 말경이나 4월 초순쯤이 적당하다. 전호나물은 한 포기에 여러 갈래의 잎자루가 땅에 깔리듯이 자라는데, 칼로 도려내야 한다. 뿌리는 가느다란 당근 모양인데 빛깔도 당근처럼 불그레하다. 잎 모양도 싹과 비슷한데, 뿌리를 캐서 먹어보면 그 맛도 당근 맛과 엇비슷하다. 아무튼 차분하게 맘먹고 군생지를 찾아다니면 제법 뜯을 수 있지만, 그렇게 흔한 나물은 아니다.

상추와 함께 쌈을 싸먹거나, 바디나물과 달래를 곁들여 구운 고기를 싸먹기도 하지만, 처음 먹는 사람들은 입안에 이상한 맛이 오래도록 남아 있어 썩 내켜하지 않는다. 하지만 자꾸 먹다보면 생기한 그 감칠맛이 기막히다. 바디나물 역시 이른 봄에 먹을 수 있는 귀한 나물이라 그 맛이 별나게 느껴질 것이다.

좀 넉넉하게 뜯어 왔다면, 살짝 데쳐서 한나절정도 찬물에 우려내면 연분홍 빛깔의 물이 우러난다. 워낙 연한 나물이라 삶으면 양이 얼마 되지 않는다. 초고추장에 무치거나, 들기름간장에 조물조물 무쳐 먹으면, 날것이었을 때와 또 다른 독특한 그 맛이 일품이다.

전호의 성분과 효능

전호와 털전호의 뿌리를 한방에서는 산아삼山我蔘이라고 하여 기침가래약, 해열제, 진통제로 쓰인다. 맛은 쓰고 매우며 성질은 약간 차갑다. 폐나 기관지계통에 작용하여 담을 없애고 열기를 없애며 기침을 멎게 한다. 가슴이 답답하고 가래가 잘 나오지 않는 경우나 감기로 인해 열이 나고 기침과 머리가 아픈데 사용하며 기타 백일해, 노인 야뇨증 등에 효험이 있다.

4. 쑥

쑥

우리나라에 제일 흔한 풀이 쑥이다. 자생하는 종류도 40여 종에 이르고, 번식력도 왕성해서 씨앗으로, 뿌리로 마구 번식한다. 오죽하면 망한 집안을 쑥대밭이라 했을까. 요즘은 겨울에도 쑥을 시장에서 판다. 남쪽지방에서는 겨울에도 쑥을 캐지만 지금은 쑥을 재배해서 사시사철 먹을 수 있다. 그렇더라도 쑥 역시 눈보라 속에서 겨울을 난 봄 쑥이 제 맛이다.

쑥을 한자로는 봉애蓬艾, 봉호蓬蒿, 애초艾草라고 쓰는데, 쑥 봉蓬, 쑥 호蒿, 쑥 애艾 그냥 모조리 쑥을 뜻하는 글자다. 쑥은 예로부터 다양한 약제로 쓰이고 식용을 먹었다. 그리하여 쑥을 많이 먹는 사람은 잡스러운 병에 걸리지 않는다는 말이 전해질 정도다.

쑥의 종류는 워낙 많지만 모양은 모두 엇비슷하다. 식용 쑥을 구태여 어렵사리 구분할 필요는 없고, 이른 봄에 논두렁이나 밭두렁, 인가 근처의 야산자락에 가면 맨 쑥인데 모두 먹을 수 있으므로 그냥 모조리 칼로 도리면 된다. 쑥과 엇비슷한 풀이 있지만 희읍스름한 털도 없을뿐더러 육안으로도 쉽게 구별이 된다.

사철쑥이라고 해서 겨울에도 잎이 지지 않는 약쑥이 있는데, 그 쑥은 약일뿐이지 식용은 아니다. 요즈음 건강보조식품으로 많이 선전하는 인진쑥이라는 것이 바로 그 사철쑥이다.

쑥은 구황救荒식물 중의 하나로 옛부터 우리 조상들이 먹고살았던 고마운 나물이다. 겨우내 밀기울, 보릿겨, 쌀겨 등을 끓여먹으며 굶기를 부잣집 밥 먹듯 하다가 겨울을 나고 보면, 가난한 농촌 백성들은 부황이 들어 얼굴이 누렇게 뜨고 통통 부어 있게 마련이다.

양지쪽에 눈이 녹으면 어른 아이 할 것 없이 바구니와 창칼을 들고 들로 나가 쑥을 캔다. ‘캐다’는 뿌리를 캔다는 뜻이지만, 이때의 쑥은 캔다는 말이 맞을 것이다. 돋아난 싹이 워낙 어리기 때문에 싹에 붙은 연한 뿌리까지 도려내야 먹을 게 있기 때문이다. 그렇게 뿌리째 캐온 쑥을 먹으면 얼굴에 부황이 빠지고 비로소 생기가 도는 것이다.

날이 갈수록 쑥은 자라게 마련이고, 굶주렸던 사람들은 약간 씁쓰름한 뿌리 말고도 연한 쑥잎을 얼마든지 뜯을 수 있다. 쑥으로 된장국을 끓여먹고, 보릿겨 쌀겨에 버무려 떡 찌듯이 쪄먹으면 맛도 구뜰 할뿐만 아니라 결핍된 영양소도 보충할 수 있어 부황이 빠졌을 것이다. 그렇듯이 나랏님도 구제 못 한다는 구황救荒을 세세연년 쑥이 해냈다. 단군신화에도 쑥이 나오듯이, 쑥은 바로 우리 민족의 혼이었다고 나는 감히 말한다.

쑥은 우리나라뿐만 아니라 고대의 중국에서도 제사에 올릴 만큼 귀하게 여기던 나물이었음을 시경詩經에서 볼 수 있다. 고대 중국 주나라 무왕 때에 남쪽지방을 다스리던 소호召虎라는 사람이 있었는데, 소호공이 다스리던 남쪽을 소남召南이라고 했다. 그 소남지방에서 불리던 시가詩歌에 '다복쑥'이라는 노래가 있다.

고대에는 시詩라는 말이 따로 없었고, 백성들이 흔히 부르는 노래와 고관들의 연회에서, 또는 신과 조상에 드리는 제사에서 부르는 노래가 바로 시였다고 한다. 그리하여 시경에 나오는 많은 시가 운율韻律적이어서 간결하고 단순하면서도 읽을수록 감흥이 절로 인다.

옛 선인들도 산나물을 즐겨 먹었던지, 산나물에 관한 시와 흥겨운 노랫가락이 많이 전해져 내려오고 있다. 그러한 시가와 노랫가락 몇 수쯤 암송해 두면, 특히 혼자 산나물산행을 할 때 흥얼거리면 심심찮아 좋다.

우이채번于以采蘩
<다복쑥을 뜯으며>

다복쑥을 뜯지요,
연못가와 물가에서.
어디에다 쓰냐고요?
공후의 제사에요.

다복쑥을 뜯지요,
산골 시냇가에서요.

어디에다 쓰냐고요?
공후의 사당에요.

다리머리 올리고
초저녁 제사 올리고.
다리머리 내리고
사뿐사뿐 나오죠.

이 시에서 공후는 남편을 말한다. 연못가와 냇가에서 손수 쑥을 뜯어 정성스레 남편 제사상에 올리는 여인의 모습이 그림처럼 떠오르는 시가다. 중국 요나라의 요임금도 쑥떡을 즐겨 먹었고, 주나라 목왕이 데리고 놀았다는 선녀 서왕모도 쑥을 즐겼다는 전설이 있다. 그토록 오래 전부터 먹어왔던 쑥이기에 예나 지금이나 쑥으로 못해 먹는 음식이 없을 정도다.

지금도 우리나라 사람은 쑥을 연중 많이 먹는 채소 중의 하나로 꼽을 수 있을 것이다. 약으로 먹는 것은 물론 쑥 엿을 비롯해서 절편이나 송편, 개피떡 중에 절반이 파란 쑥떡이고, 요즈음은 쑥국수도 나온다. 그러나 뭐니 뭐니 해도 쑥은 나물로 먹어야 그 향기와 맛을 제대로 느낄 수 있다.

쑥 조리법을 모르는 사람은 없을 것이지만, 그래도 노파심에서 두 가지만 소개한다. 쑥도 쇠면 맛이 덜하다. 손가락 길이만큼 자랐을 때가 가장 맛있다. 쑥국에 달걀을 풀어 넣고 끓이거나, 콩가루를 버무려 끓인 것을 애탕艾湯이라고 하여 옛날에는 궁궐과 부잣집에서만 먹었다고 한다.

쑥을 보관하는 방법은 냉동이다. 제철에 쑥을 많이 뜯어 살짝 데치는데, 소금을 약간 넣어 끓인 물에 쑥을 넣고 휘저어 금방 건져야 한다. 너무 삶으면 맛과 향이 반감한다. 찬물에 한 번만 헹궈 물기를 대충 짜서 위생봉지에 넣어 즉시 얼린다. 먹을 때는 전자레인지에 해동을 시켜 된장찌개를 끓이거나 쑥국을 끓이면 향과 맛이 그대로 살아 있다. 특히 한겨울에 먹는 쑥국 맛은 별미다.

쑥콩국: 생쑥을 씻어 물기를 쪽 빼고, 너무 크면 숭덩숭덩 썬다. 쑥에 생 콩가루를 골고루 버무린다. 된장을 엷게 풀어 끓인 국물에 버무린 쑥을 넣고 센 불에 살짝 끓인다. 너무 끓이면 향도 죽고 콩가루가 풀어져 곤죽이 되어 맛이 덜하다.

쑥버무리: 쑥에 쌀가루나 밀가루를 버무려 시루나 찜통에 넣고 찐다. 쑥을 많이 먹을 수 있는 방법으로, 대용식도 되려니와 약 삼아 먹으면 그대로 보약이 될 것이다.

그 많은 쑥 중에서도 나물로 무쳐먹는 쑥이 딱 한 가지 있다. 혹시 '물쑥'이라고 들어보셨는지? 물쑥 역시 한자로는 누호蔞蒿라고 한다. 물쑥 루蔞자에 쑥 호蒿자인 누호 역시 쑥을 뜻하는 글자다. 물쑥 대궁으로 만든 화살을 호시蒿矢라고 하는데, 옛날에 잡귀를 막는 방패막이로 썼다고 한다.

물쑥은 국을 끓여도 맛이 없고, 떡을 하면 수분이 많아 그만 범벅이 되어버려 더더구나 먹을 수 없다. 물쑥으로 해먹을 수 있는 것은 오직 쑥나물 뿐이다. 한자로 누호채蔞蒿菜라는 나물요리 이름이 전하는 것을 보면 오래 전부터 나물로 즐겨 먹었음을 짐작할 수 있다.

물쑥도 생김새는 똑같은데, 말 그대로 물가에 나서 물쑥이다. 물가도 자갈투성이 큰 물가가 아니라 봇도랑이나 개천가에 주로 자생하는데 그다지 흔한 쑥이 아니다. 지저분한 땅이나 인가 근처에서는 볼 수 없으니 귀한 쑥임에 틀림없다. 보통 쑥들은 희읍스름한 잔털이 있지만 물쑥은 털이 없고, 잎이나 줄기가 발그스름하니 매끈하고 보기에도 깨끗하다.

물쑥도 쇠기 전에 뜯어서 살짝 데쳐, 초장에 새콤달콤하니 무치거나, 된장에 무쳐도 맛이 좋다. 그도 저도 입맛에 안 맞으면 들기름간장에 무쳐도 깔끔한 물쑥 맛을 제대로 즐길 수 있다.

쑥의 독특한 향기가 치네올 성분이라고 하는데, 혈액순환을 좋게 해주고 요통과 생리통에도 좋다고 한다. 쑥이 30cm 정도 자랐을 무렵, 절반 정도 잘라 찜통에 쪄서 말리면 쑥차가 된다고 하는데, 녹차처럼 우려 마시면 추위도 덜타고 감기도 예방된다고 하지만 나는 아직 시도해보지 않았다. 차로 마시든 나물로 먹든 돈 안들이고 얼마든지 먹을 수 있는 보약이 바로 쑥이다. 나들이 겸 운동 삼아 들판에 나가 쑥을 뜯으면 이래저래 몸에 좋으니 일석이조가 아닐까.

여름에 무성하게 자란 쑥을 베어 꾸득하게 말려 모깃불 피워놓고, 마당에 멍석을 깔고 누워 하늘은 본 적이 있으신지? 금방 쏟아져 내릴 듯이 명멸하는 새파란 별들! 쑥이 타는 알싸한 모깃불 냄새! 쪽박 바꿔주! 쪽박 바꿔주! 정자나무에서 피를 토하며 우는 두견새 소리를 들어보신 적이 있으신지?

쑥의 성분과 효능

쑥은 체질을 개선한다. 알칼리성 식품으로 산성화 된 체질을 중화시키는 효과가 있으며, 우리 몸의 자연 생리 기능을 강화시켜 병의 근원을 치료하는 약리 작용이 탁월하다.

몸을 따뜻하게 한다. 쑥은 약성이 따뜻하여 몸 안의 냉기와 습기를 내보내는 작용을 하기 때문에 손발이 차거나 추위를 많이 타는 사람에게 효능이 있으며 여러 가지 부인병에도 효과가 좋다.

위장을 튼튼하게 한다. 쑥은 혈액순환을 좋게 하여 특히 위장 점막의 혈행을 좋게 하기 때문에 오래 먹으면 위장이 튼튼해진다. 따라서 대장의 수분 대사를 조절하여 장운동과 점액 분비를 원활히 하여 변비를 예방하고, 식욕을 돋우는 효과도 있다.

성인병을 예방한다. 쑥은 피를 맑게 하는 정혈 작용이 뛰어나며 혈관의 수축과 이완 기능을 좋게 하여 콜레스테롤 수치를 낮추고, 고혈압과 동맥경화 등의 성인병을 예방한다.

면역 기능을 향상시킨다. 쑥은 혈액 속에서 백혈구의 수를 늘려 면역 기능을 높이고, 살균작용을 하므로 항생제보다 안전하고 효과가 좋다.

쑥은 간 기능을 향상시킨다. 알코올 분해 작용이 뛰어나 손상된 간 기능의 회복을 돕는다. 또한 이담 작용, 항균 작용, 구충 작용이 있어 황달과 간염 치료에도 효과가 좋다.

5. 민들레와 고들빼기

우리나라 사람들 치고 여남은 살 이상이라면 민들레를 모르는 사람은 하나도 없을 것이다. 민들레는 그만큼 많이 알려지고 흔한 식물이다. 그러나 참 묘한 것이, 막상 뜯으려고 나서보면 뜯을 게 없는 것

민들레

이 민들레다.

　민들레를 한방에서는 포공초蒲公草라 하고, 말린 뿌리는 포공영蒲公英이라고 한다. 국어사전에서 ‘포공영’을 찾아보면, 민들레의 말린 뿌리로, 건위, 해열, 소화불량, 위염, 결핵, 유종에 쓴다고 되어있다.

　민들레는 높은 산이 아닌 양지쪽이면 어디서나 왕성하게 번식하는 식물이다. 도로변 보도블록 틈새에서도 민들레꽃을 심심찮게 볼 수 있다. 민들레 싹을 나물로 먹는 줄은 예전부터 알았지만, 뿌리에 그렇게 좋은 약효가 있다는 것은 최근에 알았다. 민들레가 위장병에 좋다는 말이 과연 헛말이 아닌 모양이다.

　재작년이던가 어느 봄날 산에 갔다 내려와 보니, 도로 가에서 여자들이 민들레를 캐고 있었다. 꽃씨가 이미 다 날아가고 나물로 먹기에는 시기가 지났는데 이상하다 싶어 물었더니, 한참 머뭇거리다가 깜짝 놀랄만한 말을 하는 것이었다. 함부로 가르쳐주면 안 되는 것이라는 말을 전제로 하고 대답했는데, 민들레 싹과 뿌리를 함께 말렸다가 차로 끓여 먹으면 커피보다 더 맛이 있다는 것이었다.

설마 그러려니 싶기는 하지만, 민들레의 쌉쌀한 그 맛으로 보아 생판 그른 말은 아닌 것도 같지만, 아직 먹어보지는 않았다. 냉이나 원추리나물이 끝난 4월 중순경에 들판에 나가면, 꽃이 피기 전의 민들레를 뜯을 수 있다.

민들레를 뿌리 채 캐지 않으려면 칼로 싹만 도리지만, 뿌리가 실하기 때문에 뿌리까지 캐면 양이 많다. 싹과 뿌리를 함께 김치를 담아 약간 시어질 무렵 먹으면 고들빼기김치 못지않게 맛이 좋다.

싹과 뿌리를 살짝 데쳐 초고추장에 무쳐 먹기도 하는데, 달짝지근하면서도 쌉쌀한 그 맛이 일품이다. 또한 민들레는 생으로 상추와 섞어 쌈으로 먹는다. 민들레 쌈은 쌉쌀한 정도가 아니라 화끈하게 쓴맛이 입안을 화들짝 놀라게 만든다. 그 쓴맛이 바로 약이 되고 입맛을 돋우는 성분이다.

씨가 여물어 관모가 하얗게 꽃처럼 핀 민들레 꽃대를 꺾어들고 입으로 후 불면, 미세한 씨앗을 매단 관모가 바람을 타고 사방으로 흩날린다. 씨를 날린 꽃대를 짧게 잘라 한쪽 끝을 앞니로 자근자근 씹어 입술로 가볍게 물고 불면 호드기가 된다.

꽃대를 반으로 갈라 입에 물고, '맘마꾸, 맘마꾸…….'하면 갈라진 꽃대가 바깥쪽으로 도르르 말려 마치 고대 그리스 신전의 도린스식 기둥 모양이 된다. 나는 지금도 민들레 꽃대만 보면 호드기를 만들어 삘릴리 삘릴리…… 불기도 한다.

맘마꾸가 무슨 뜻인지는 지금도 모르지만, 어린 시절 우리는 민들레를 맘마꾸라고 불렀다. 맘마꾸를 생각하면 어린 시절의 추억 하나가 늘 떠올라 피식피식 웃고는 한다. 어린 시절 동무 중에 몹시 심술

굿은 녀석이 하나 있었는데, 녀석은 학교 운동장 가에나 길가에 있는 맘마꾸만 보면 오줌을 내갈긴다.

멋모르는 아이들이 맘마꾸 꽃대를 꺾어 입에 물고 빠는 걸 보면서 녀석은 배꼽을 잡고 깔깔대며, 제 오줌을 먹었다고 놀리는 것이다. 그래서 녀석의 별명이 맘마꾸였는데, 우리 마을 동무들 치고 여자든 남자든 맘마꾸의 오줌 맛을 안 본 애들이 없을 것이다.

나는 지금까지도 민들레 꽃대를 입에 물때마다 녀석의 찝찔한 오줌 맛을 떠올리며 웃지 않을 수 없다. 그래서 더욱 맘마꾸를 볼 때마다 꺾어 입에 무는 지도 모르지만……. 몇 년 전에 세상을 떠났다. 유일하게 남아 고향을 지키면서 나이가 들어서도 어릴 적의 천진난만한 웃음을 그대로 웃곤 하던 좋은 친구였다. 맘마꾸가 없는 고향은 쓸쓸하다.

5월 초순경이면 봄 고들빼기도 캘 만큼 자라는데, 고들빼기와 민들레를 함께 캐면 제법 분한이 있다. 고들빼기와 민들레는 맛도 향도 비슷해서 같이 먹어도 잘 어울린다. 두 가지 모두 뿌리 째 캐서 김치를 담그면 그대로 고들빼기김치가 된다. 고들빼기김치는 지금 대중화 되어서 많이 팔리고 있지만, 재배도 많이 하여 특히 가을이면 김장용으로 많이 팔린다. 고들빼기는 농약을 거의 사용하지 않기 때문에 자연산과 진배없다.

민들레와 고들빼기는 두 해살이 식물이다. 봄에 캐는 고들빼기는 지난해 여름에 돋은 싹인데 뿌리가 제법 실하다. 고들빼기도 민들레도 봄에 씨가 날려 7월에 싹이 튼다. 싹이 돌아 서너 달 자라면 가을 고들빼기가 되는 것이다. 가을에 김치를 담는 재배고들빼기는 모두 7월 말경에 씨를 뿌려 가꾼 것이다.

늦가을까지 자라고 겨울을 난 야생 봄 고들빼기는 특유의 쓴맛이 진하고 하얀 즙액의 상큼한 향기도 진해서 맛이 기막히게 좋다. 민들레도 잎줄기나 뿌리를 꺾으면 마찬가지로 하얀 진이 나온다. 고들빼기나 민들레 맛이 비슷한 것은 하얀 즙액 때문일 것이다. 어떤 사람들은 고들빼기 맛이 너무 쓰다고 삭히거나 우려내기도 하는데, 그냥 먹어도 아무런 해가 없을뿐더러 바로 그 쓴맛이 몸에 좋은 성분이다.

민들레와 모양도 맛도 비슷한 나물이 있는데, 우리 고향에서는 속새라고 한다. 도시 사람들이 말하는 씀바귀가 바로 속새인지도 모르겠다. 속새보다 더 크게 자라는 가새속새라는 나물도 있는데 같은 시기에 채취할 수 있고, 맛이 같으므로 두루 섞어도 괜찮다.

고들빼기나 속새는 마을 인근의 묵정밭이나, 산자락의 버덩(잡풀만 자라는 산자락에 달린 펀펀한 땅)에 주로 자생한다. 군락지를 만나면 제법 캐기도 하지만, 야생 고들빼기는 흔하지 않다. 고들빼기건 민들레건 속새 건 간에 한데 훌훌 섞어 김치를 담거나 살짝 데쳐 나물로 무쳐먹으면, 입맛 떨어진 나른한 봄에 입맛을 확 돋운다.

그렇게 한두 번 맛을 본 사람은 나가지 말라고 해도 바구니를 들고 나서기 마련이다. 따사로운 봄날 부부가 오붓하게 들판에 나가 민들레며, 고들빼기며 속새를 캐는 재미를 들어 보면 제법 쏠쏠할 것이다. 처음부터 큰 기대를 갖고 나가면 금방 실망한다. 바람도 쐴 겸 겸사겸사 나가서 느긋하게 들판이나 산자락을 거닐면, 차차 재미가 붙어 시간 가는 줄 모르기 마련이다.

내 손으로 캔 나물은 잎 하나 슬기 한 올 버리기 아까워 알뜰하게 다듬기 마련이고, 반찬을 해서도 국물 한 방울을 안 남기고 먹게 된다. 내 손으로 피땀 흘려 버는 돈이 그만큼 값지다는 것도 아울러 느낄 수 있다면, 꿩 먹고 알 먹는 것이 아닐까.

전북 익산시 원광대 인체과학연구소 정동명 교수(생체공학)팀은 보건복지부의 의료기술 연구개발 사업비를 지원받아 최근 2년 동안 쓴바귀의 성분을 조사해서 발표했는데, '야산이나 논두렁에 흔한 쓴바귀가 항스트레스, 노화방지, 피로를 억제하는 항산화 효과 등 성인병 예방 성분을 다량 함유하고 있는 것으로 조사됐다'고 밝혔다.

민들레

조사 결과 민간에서 '쓴나물' 즉 쓴바귀 종류의 추출물이 토코페롤에 비해 항산화 효과가 14배, 항박테리아 효과가 5배, 콜레스테롤 억제 효과가 7배에 달하는 것으로 나타났고 밝혔다.

민들레의 성분과 효능

민들레는 예로부터 한방에서 약재로 써왔는데, 해열, 소염, 이뇨, 건위작용이 있다고 했다. 또한 민간요법으로는 최유제로 사용되는데 이는 뿌리와 줄기를 자르면 하얀 젖과 비슷한 물질이 나오기 때문에 연유된 것이다. 민들레의 생잎을 계속 아침저녁으로 먹으면 만성 위장병과 위궤양에 효과가 있다고 했다.

이에 따라 근래에 과학적으로 밝혀진 사실에 의하면 놀라운 성분들이 함유되었고, 그 효능이 다양하다는 것이 속속 밝혀지고 있다.

민들레의 성분은 다음과 같다.

비타민H(비오틴), 콜린, 글루텐, 이노시톨, 이눌린, 철분, 락트피크린, 리놀렌산, 마그네슘, 나이아신, 인, 칼륨, 단백질, 레신, 황, 아연, 비타민A, B1, B2, B5, B6, B9, B12, C, E, P 등의 성분을 함유하고 있다.

밝혀진 효능은 혈액순환 개선, 담즙 생성 증가, 이뇨제, 위장과 신장에 도움, 빈혈, 통풍, 류머티즘, 간질환, 변비, 유방의 종양, 노화 방지 등의 기능이 밝혀지고 있다.

고들빼기의 효능

고들빼기

고들빼기의 성분은 민들레와 비슷하고 효능 역시 엇비슷하다는 것을 알 수 있다. 고들빼기의 주요 효능으로는 피로회복과 항암, 항스트레스, 항알레르기, 노화방지에 신효하다고 밝혀졌다. 세부적인 효능을 보면 주로 강장, 강정, 건위, 식욕부진, 이질, 간경화, 유방염, 구내염, 항종양, 오심, 오장보익, 위염, 진통, 불면증, 축녹증, 소화불량, 폐렴, 간염, 고혈압, 지혈, 혈액순환촉진, 음낭습진, 타박상, 종기 등에 사용한다고 하는데 가히 만병통치에 해당한다. 실제 씀바귀를 토끼에게 먹인 결과 이러한 병에 걸리지 않는다고 한다.

6. 미나리

돌미나리

　미나리도 요즈음 사시사철 먹을 수 있는 나물이다. 한자로 미나리 근芹자를 써서 근채芹菜 또는 수근水芹이라 하는 미나리는 재배역사가 가장 긴 야생나물일 것이다. 그렇게 흔한데도 언제부터인가 미나리는 나물이 아니라 양념감이 되어버렸다. 김치에 넣거나, 매운탕에 넣어 먹거나, 물김치에 양념 삼아 곁들이는 양념채소가 되어버린 것이다.

　미나리는 나물로 먹어야 제 맛이다. 하지만 재배한 미나리는 나물로 먹어도 맛과 향이 별로 없다. 그래서 사람들이 나물로 먹지 않는

지도 모르겠다. 묵논이나 마을 인근의 도랑가에 자생하는 돌미나리 맛은 재배미나리 맛에 비할 바가 못 된다.

미나리는 오랜 옛날부터 즐겨 먹었던 귀한 나물이었음을 한시漢詩나 시조에서도 볼 수 있다. 정성을 다하여 윗사람을 섬기는 사람을 보고, '근성芹誠이 놀랍다.'고 말한다. 옛날 어느 충신이 일찍 나는 봄미나리를 임금께 바쳤다는 뜻에서 미나리 근자 근성芹誠이라는 말이 나왔다고 한다. 미나리를 두고 읊은 시조 두 편을 골라 보았다.

헌근가獻芹歌

미나리 한 포기를 캐어서 씻으이다
다른 데가 아니라 우리 님께 바치오이다
맛이야 긴치 아니커니와 다시 씹어 보소서.

조선 선조 때의 성리학자 미암眉岩 유희춘柳希春 선생이 전라 감사로 있을 때, 선조임금께 미나리를 올리며 지은 노래라 한다. 미암 선생은 근성芹誠이 놀라운 충신이었던 모양이다. 지금도 그렇지만, 옛날에도 남쪽지방의 미나리가 일찍 나고 그만큼 유명했음이 분명하다.

임을 그리며

이른 봄 따스한 볕을 님 계신 데 비치고자
봄 미나리 살진 맛을 님에게 드리고자
님이야 무엇이 없으랴마는 내 못 잊어 하노라.

작자미상의 이 시조는 어느 시대에 불리던 노래인지는 모르겠으나, 지방수령이던 사랑하는 임을 떠나보낸 어느 기생이 읊었던 노래가 아닌가 짐작한다. 이른 봄 상큼한 미나리 맛을 혼자 보기 아까워하며, 애틋하게 임을 그리는 마음을 행간마다 엿볼 수 있는 노래이다.

혼치않은 맛있는 음식을 먹게 되면 보고 싶은 사람, 마음속에 둔 사람이 생각나는 것은 예나 지금이나 인지상정일 것이다. 봄 미나리 맛이 바로 그리운 사람이 생각나게 하는 봄나물임에 틀림없는 모양이다.

미나리도 다년생이라 나던 자리에 늘 나기 마련이다. 그러나 개울가의 미나리는 홍수가 나거나, 사람들이 하도 파헤치기를 잘 해서 해마다 난다는 보장이 없다. 산골짜기의 묵논이나, 인적이 드문 개울가에 가면 심심찮게 미나리를 만날 수 있다. 미나리를 뜯으러 갈 때도 칼이 있어야 한다.

미나리도 해동이 되면 벌써 새싹이 돋는데, 볕바른 양지에는 4월 20일경부터 뜯을 수 있다. 이른 봄의 미나리는 잡초가 자라기 전 질척한 바닥으로 짝 깔리며 자란다. 칼로 밑동을 도리는데, 상큼한 미나리 향이 코를 자극한다.

돌미나리를 뜯으러 갈 때는 점심으로 밥과 고추장만 준비해 가면 그저 그만이다. 금방 뜯은 미나리로 즉석에서 쌈을 싸먹으면 그야말로 사람 죽인다. 입안에서 넘쳐 코끝으로 새어 나오는 미나리 향기에 정신을 못 차린다. 따뜻한 봄날 가족끼리, 또는 지기지우와 양지쪽에 둘러앉아 미나리 쌈에 점심을 먹는 광경은 상상만 해도 즐겁지 않은가. 한해 한 번만이라도 그런 나들이를 해 보라고 권하고 싶다.

봄이 한창 무르익을 무렵, 개울가나 묵논 한가운데 고마리풀이며 잡풀이 많이 자라는 지역의 미나리는 바닥에 깔리지 못하고 풀과 함께 곧추 자란다. 풀을 헤치며 미나리를 골라 뜯다보면 잡념이 사라지고, 그 재미에 푹 빠져 신발이 흙탕물에 젖는 줄도 모르기 마련이다. 그런 미나리 밭을 만나면 제법 많은 양을 뜯을 수 있다.

돌미나리는 날것으로 먹어야 웅근 맛을 즐길 수 있지만, 시들면 질기고 맛이 없으므로 날로 먹을 만큼 두고 데쳐야 한다. 미나리나물 무침은 언급할 필요도 없겠다. 미나리 강회에 탁배기 한 잔……, 그 낭만과 정취는 해본 사람만 안다.

돌미나리 맛을 제대로 즐길 수 있는 먹거리 중의 한 가지가 미나리적이다. 미나리적은 밀가루로 지져도 좋지만, 메밀가루로 지지면 그 맛이 환상적이다. 미나리를 소금에 약간 절여 살짝 씻은 다음 꼭 짜서 메밀적을 지지는데, 얇게 부칠수록 미나리의 향과 맛이 변하지 않는다. 하지만, 내가 어릴 때 먹었던 그 미나리적 맛을 지금은 볼 수 없다.

나는 가끔 고향에 갈 때면 일삼아 장터에 들려 메밀지짐을 사먹고는 하지만, 돌미나리는 없어 그렇더라도 김치 메밀적도 옛 맛이 아니다. 연세 지긋한 노인들이 시장 난전 한 귀퉁이에 두셋씩 모여 앉아 메밀적이며 메밀총떡을 지진다.

한데 참 안타까운 것이, 예전이나 똑같은 소두벙(소댕)에 재료도 변함이 없는데 맛이 옛 맛이 아닌 것이다. 그 것은 내 입맛이 변해서만이 아니라, 적을 종잇장처럼 얇게 지지는 기술이 없어서임을 나는 안다.

적을 지시는 기술자! 우리 할머니들과 어머니들은 이미 이 세상에 없다. 이제 다시는 그 손맛의 메밀적을 먹을 수는 없다. 그렇지만, 그렇더라도……, 빈대떡처럼 지진 미나리적이나마 실컷 먹었으면 좋겠다. 아니다. 막걸리 한 대접을 쭈-욱 단숨에 비우고, 기술자가 지진 미나리 메밀적을 한입만 볼이 터지게 씹어 보았으면…….

돌미나리의 성분과 효능

돌미나리는 인공재배가 아닌 자연산 미나리를 말한다. 양지쪽에서 자라는 돌미나리는 잎과 줄기가 붉은 빛이다. 이런 것을 불미나리라고 하는데, 향이 매우 진하다. 그러나 붉은 빛깔은 주위의 잡풀들이 자라면서 햇볕을 받지 못하면 주위 풀들과 같이 위로 자라면서 푸른 빛깔로 변한다.

돌미나리의 대체적인 효능은 해독작용이 뛰어나 체내의 각종 독소들을 해독하는 작용이 탁월하다. 주독, 장염, 황달, 해열, 대하증, 식욕촉진, 신경통에 효과가 일다고 한방에서는 말한다.

소변에 피가 섞여 나오는 혈뇨에 미나리 즙이나 나물로 계속 먹으면 효험이 좋다고 하며, 무기질이 풍부한 알칼리성 식품으로 식용을 증진하고 혈압강하, 이뇨, 설사와 구토, 위장병에도 좋다고 하며, 심장, 신장 등 순환기 계통에 유용한 성분이 많이 함유되어 성인병 예방 및 치료에 효과가 있다고 동의보감에 전해진다. 또한 암 등 난치병 환자들의 식이요법용으로도 활용되고 있음이 현실이다.

돌미나리의 성분은 칼륨과 칼슘, 비타민C, 섭취하면 비타민A로 변하는 카로틴, 식물성 섬유 등이 다량 함유돼 있다. 돌미나리의 독특한 향과 맛은 정유(精油: 식물에서 채취한 향기를 지닌 휘발성 기름)성분인데, 정유는 입맛을 돋우어줄 뿐 아니라, 정신을 맑게 하고 혈액을 정화하는 효능이 강하다고 한다.

7. 돌나물

돌나물 성체

　돌나물은 돌나물과에 딸린 여러해살이풀이며 우리나라 토종 식물이다 돈나물 또는 돋나물이라고도 불린다. 돌나물을 한자로는 불갑초佛甲草라고, 한방에서는 석지갑石指甲이라고 한다. 그런데 왜 불갑초에 부처 불佛자를 쓰는지 도무지 알 수가 없다. 불가에서 피하는 오훈채(五葷菜: 달래, 마늘, 무릇, 파, 부추)에 들지 않는 자극성이 없는 나물이라서 불가에서 즐겨 먹었다는 뜻인지도 모르겠다. 돌나물 즙이 화상에 좋다는 민간요법이 있지만 역시 써보지는 않았다. 돌나물은 피를 맑게 하고 입맛을 돋아주는 봄나물이라 하여 옛날부터 즐겨 먹었다.

지금은 돌나물도 재배를 많이 해서 겨울에도 먹는다. 그런데 먹기는 먹어도 아무런 맛이 없다. 그저 새파라니까 보기 좋아 먹는다. 야생 돌나물도 양지쪽에서는 일찍 돋기는 하지만, 먹을 만하게 자랐을 때는 4월 말경부터가 될 것이다. 돌나물도 숲이나 풀이 우거진 응달에서도 자라지 못하지만, 너무 볕바른 양달에서도 먹을 만하게 자라지 못한다. 밭둑이나 논둑, 뒷동산 개울가나 축축한 버덩에 자생하는데, 생육조건이 좋은 지역에서는 낫으로 벨만큼 빽빽하게 무더기로 자란다. 도심에서는 귀하지만 농촌에서는 흔한 나물 중의 하나다.

나는 어릴 때 돌나물 다듬기가 퍽 재미있었다. 어른들이 들에 나갔다가 점심 먹으러 들어올 때, 논두렁 밭두렁에서 돌나물을 줄기째 훌훌 걷어다 한 다래끼 쏟아놓는다. 학교에서 돌아와 보면 응달쪽 담 밑에 돌나물 더미가 있기 마련인데, 물어보나마나 그걸 다듬는 건 아이들 차지다.

봉당에 걸터앉아 줄기에 마디마디 붙은 돌나물 순을 따는 것이다. 싱싱한 돌나물은 생김새도 귀엽다. 오이씨 같이 작으면서도 도타운 잎이 빽빽하게 난 탐스러운 순을 똑똑 따는 재미가 괜찮고, 숭얼숭얼한 돌나물이 바구니에 차오르는 성취감도 흐뭇하다.

다듬고 남은 돌나물 줄기는 텃밭 밭둑이나 뒤뜰 울타리 밑에 훌훌 뿌려두면 저절로 마디마다 뿌리가 내려 한두 달 뒤면 시퍼렇게 자란다. 그 때는 울타리 밑에 앉아 돌나물 순을 다듬듯이 따면 된다.

돌나물은 금방 양념에 버무려 겉절이를 해서 뜨거운 보리밥에 고추장을 곁들여 썩썩 비비면, 그러잖아도 미끈미끈한 보리밥이 씹을 것도 없이 술술 잘도 넘어간다. 그러나 뭐니뭐니 해도 돌나물 맛은 물김치다. 돌미나리와 섞어 물김치를 담그면, 그보다 더 맛있는 물김치는 세상에 없다. 연한 돌나물과 약간 질긴 듯한 미나리가 한 입 안에 씹히는 그 감촉과 맛이라니……! 새콤하니 알맞추 익은 돌나 물 물김치에 식은 밥을 말아 먹거나, 국수나 메밀국수를 삶아 건져 말아먹으면 냉면이 따로 없다. 그 맛은 어느 냉면집의 육수 맛과도 비교할 수 없다.

돌나물의 효능과 성분

돌나물의 효능은 여성 호르몬인 에스트로겐을 대체하는 성분이 함유되어 있어 폐경 이후 호르몬 감소로 인해 겪는 여성들의 갱년기 우울증에 좋다고 알려져 있다. 또한 우유보다 2배나 많은 칼슘을 함유하고 있어 갱년기 여성의 골다공중에 좋다고 한다.

돌나물 꽃

돌나물에는 소염, 살균, 해독, 소종, 담습 분비에 뛰어난 효능이 있어 각종 감염성 염증 및 기관지염에 효능이 있으며, 비타민C가 풍부하게 들어 있어 식욕을 촉진하는 효능이 탁월하다.

최근에는 돌나물이 간염, 간경화증에 효력이 있다고 하여 생즙을 내어 마시기도 한다. 약리효과로는 담석증, 강장보호, 고혈압 등에 효과가 있으며, 또한 사람의 피를 맑게 하며 대하증에도 좋다고 한다.

돌나물의 영양성분으로는 칼슘, 비타민C, 인산 등 각종 영양소가 풍부하게 함유되어 있으며, 세도헵툴로우스, 메칠이소펠레티린 등의 특수성분이 있어 해열, 해독, 타박상, 간경변, 뱀, 독충에 물린데

치료제로 사용하였으며 민간요법에서는 잎의 즙을 곪은 상처에 붙이거나 식욕증진 등에 사용하였는데 최근에는 항암작용이 있다고 알려져 간암의 치료제로 이용되고 있다고 한다.

8. 질경이

질경이 성체

질경이는 만병통치약이라고 할 만큼 민간요법으로 많이 쓰이는 무병장수의 나물이며 약초다. 민간요법으로는 질경이가 인삼이나 녹용에 버금가는 약효가 있다고 알려져 있다. 오줌에 피가 섞여 나올 때 질경이 즙을 먹는 사람을 보았고, 효험을 보았다는 말도 들었다. 우리 어릴 때 어른들은 질경이를 많이 먹으면 기운이 좋아져서 지붕을 훌훌 뛰어 넘는다고 했었다. 그러나 나는 질경이를 약초로 보지 않고 나물로 본다.

약초건 나물이건 간에 많이 먹어도 해 될 것은 없으므로 어릴 때부터 즐겨 먹었던 나물이었다. 질경이는 갯질경이, 긴잎질경이, 왕질경이, 털질경이 등 우리나라에서만 10여 종이 발견 되는데, 모두 먹을 수 있다.

질경이는 묘하게도 마차나 사람들이 짓밟고 다니는 길바닥에 주로 난다. 그래서인지 한자로는 수레가 다니는 길에 나는 풀이라는 뜻으로 차과로초車過路草라고 쓴다. '차과로초' 참 재미있는 이름이 아닌가. 한방에서는 질경이를 차전초車前草라 하고, 씨를 차전자車前子라고 한다. 그 이름 모두가 마찻길에서 난다는 뜻이다.

중국에서는 당연히 질경이 부芣자를 써서 부이芣苢라 하는데, 중국에서도 고대로부터 질경이를 약용하고 식용했던 모양이다. 시경詩經을 보면 국풍國風 주남周南편에 질경이를 노래한 시가詩歌가 있다.

채채부이采采芣苢

캐자 캐자 질경이
어서 어서 캐보자.
캐자 캐자 질경이
어서 어서 많이 캐자.
캐자 캐자 질경이
어서 어서 줍듯이 캐자.
캐자 캐자 질경이
어서 어서 눌러 캐자.
캐자 캐자 질경이
옷섶 안에 캐서 담자.
캐자 캐자 질경이

옷섶으로 싸 보자.

처녀들이 질경이를 캐면서 흥에 겨워 부른 노래가 분명하다. 길가에 지천으로 널린 질경이를 서로 다투어 캐는 모습이 단조로운 가사와 운율에서 절로 느껴져 읽기만 해도 흥이 솟아난다. 바구니를 눌러 채우고도 남아 옷섶에도 싸면서 질경이를 캐는 재미를 나물을 뜯어 본 사람은 이해 할 것이다.

나는 어릴 때 질경이를 참 많이 먹었다. 먹고 싶어 먹은 것이 아니라 억지로 먹은 것이다. 힘들이지 않고도 어른 아이 할 것 없이 얼마든지 뜯을 수 있는 나물이 질경이었다. 질경이로 나물도 해먹고, 죽도 쒀 먹고, 질경이 밥도 해먹었다. 한 마디로 배가 고파 먹어야 하는 구황 식품이었다.

나는 이 글을 쓰기 위해 고향에 계시는 연로하신 집안 아주머니께 질경이 밥을 어떻게 짓는지 전화로 물어보았다. 지금이 어떤 세상인데 아직도 질경이밥 타령이냐는 아주머니 말씀을 들으며 이런저런 얘기를 전화로 반시간이나 했었다.

전화통화를 한 뒤에 질경이를 뜯어다 밥을 해보았다. 하라는 대로 하기는 했는데, 잘 되지도 않았고, 맛도 옛 맛이 아니었다. 그러나 사십여 년 만에 내 손으로 질경이밥을 지어 먹어본 그 감회는 눈물겹도록 각별했다. 혹시 나처럼 질경이를 좋아하는 사람도 있지 않을까 싶어 질경이밥 짓는 요령을 소개한다.

연한 질경이를 데쳐 물기를 꼭 짜서 숭덩숭덩 썬다. 밥솥에 들기름을 적당량 두르고 질경이를 달달 볶는다. 볶은 질경이를 솥바닥에 다지고 위에 쌀을 얹는다. 질경이에 물기가 있으므로 밥물을 알맞추

잡는 것이 바로 비법이다.

밥이 되면 뜸을 넉넉하게 들여 골고루 푸실러 담아서 달래를 송송 썰어 넣은 양념간장에 비벼먹는다. 한 공기씩 혼자 비벼먹는 것보다는, 커다란 양푼에 밥을 퍼서 밥주걱으로 썩썩 비벼 온 식구가 둘러앉아 퍼먹으면 운이 달아 훨씬 더 맛이 난다.

질경이밥은 잡맛이 없는 구수한 맛 때문인지 어릴 때 그렇게 먹었어도 질리지 않았다. 보릿고개 시절에는 말이 밥이지, 낱알은 질경이나물 갈피에 혹 가다 희끗희끗 보일 뿐 주재료가 질경이다. 지금 생각하면 그때 먹은 질경이밥은 그냥 그대로 보약이었다.

어른들이 질경이 씨 기름으로 등잔불을 켜면 귀신이 보인다고 했었다. 예닐곱 살 때였던가, 그 말을 곧이 듣고 아이들과 질경이 씨를 훑으러 다녔다. 씨가 눈에 보일 듯 말 듯 작아서 네댓 녀석들이 하루 종일 온 동네 질경이 씨를 다 훑었는데 한 탕기도 안 되었다. 결국 귀신을 볼 수 없었는데, 도대체 한방에서 쓴다는 차전자는 그 많은 양을 어떻게 채취를 하는지 도무지 알 수가 없다.

질경이는 5월 초순경부터 6월 초순경까지 먹을 수 있지만, 너무 쇠면 질기고 맛도 덜하다. 주로 사람이 다니는 길에 나지만 길가나 언덕의 숲 속에서도 잘 자란다. 응달 숲 속에서 자란 질경이는 잎이 땅에 깔리지 않고 위로 솟는데 잎도 큼직큼직하다. 연한 잎은 생으로 쌈을 싸먹어도 맛은 괜찮은데 좀 뻣뻣하고 다른 나물에 비해 질기다. 그래도 산나물이나 야채는 생으로 먹는 것이 더 좋다. 약간 쇤 듯한 것은 살짝 데쳐 쌈을 싸먹으면 희한한 맛이 나고 소화도 잘 된다.

시금치나 아욱처럼 질경이 된장국을 끓여도 맛이 좋고, 된장국에 쌀을 넣고 끓이면 바로 질경이 국죽이 된다. 된장국이나 죽을 쑬 때는 생것을 그냥 넣고 끓여야 맛이 더 진하다.

국죽이라는 말은 나도 참 오랜만에 해보는 말이다. 김칫국이나 나물국에 쌀을 넣고 푹 끓이면 그게 국죽이다. 지금은 관광지로도 많이 알려진 정선 장터에 가면 메밀국죽을 전문으로 하는 식당이 있다. 나는 지금도 정선에 가면 메밀국죽 한 뚝배기를 먹어야 발길이 떨어진다.

데친 질경이 나물을 들기름에 볶아도 맛있고, 된장에 무쳐도 좋다. 질경이만 뜯겠다고 맘먹고 나서면 제법 뜯을 수 있는데, 데쳐 말려서 묵나물을 만들어두면 겨울에도 그 맛을 즐길 수 있다. 말린 질경이를 다시 삶아 된장국을 끓여도 구수하고, 마늘은 듬뿍 넣고 기름에 볶아 먹으면 부드럽고 독특한 맛이 있다. 질경이를 데쳐 냉동보관 하는 방법도 있는데 나물로 무치면 좀 질기다. 그러나 나물밥을 하거나 찌개, 국을 끓이면 부드럽고 맛과 향도 살아난다.

질경이 성분과 효능

밝혀진 성분은 플란타기닌과 아우쿠린 등이 함유되었다고 한다. 효능으로는 위장, 간장, 심장 질환의 예방과 치료에 쓰이며, 갱년기 장애 개선이나 강장, 위암예방, 혈압안정 등에 효과가 있다. 또한 감기, 기침, 인후염, 간염, 황달 등에 좋다고 한다.

질경이 씨앗 차전자는 방광염, 요도염, 설사, 고혈압의 치료약으로 쓰인다. 소변을 잘 보게 하고 열을 내리며 눈을 밝게 하며, 비뇨기 계통의 염증, 전립선 염증, 혈뇨증상 등에 좋다. 특히 노인성 비뇨기계의 배뇨곤란이나 음경동통에 잘 듣고, 노안으로 눈이 충혈 되고 눈앞에 이물질이 어른거리는 증상에 좋다고 한다.

꽃 필 무렵의 질경이

모든 나물류가 다 그렇지만, 특히 질경이는 약으로 먹기 보다는 제철에 나물로 많이 먹으면 그 효과가 클 것이다. 질경이는 비교적 흔한 나물임으로 제철에 많이 채취하여 나물로 먹고, 남으면 말려 저장을 하든가 데쳐서 냉동보관하면 일 년 내내 질경이 나물을 먹을 수 있다.

9. 방가지똥

방가지똥은 엉거싯과의 식물이지만, 한해만 살기도 하고 맘 내키면 두세 해씩 장수를 누리기도 하는 제멋대로 식물이다. 방가지풀이라고 부르기도 하는데, 한방에서는 거채苦菜 또는 자고채紫苦菜라 하여 해열, 해독, 건위 등 약제로 쓴다고 한다. 잎이나 대궁을 꺾으면

방가지똥

하얀 즙액이 많이 나오는 맛이 썩 괜찮은 쓴 나물이지만, 워낙 흔하기 때문에 나물 취급도 못 받는다.

상추쌈을 한자로는 거포苣包라고 한다. 그런데 방가지똥을 상추 거苣자를 써서 거채苣菜라고 하는 걸 보면 옛날부터 상추처럼 쌈으로 먹기는 먹었던 모양이다. 방가지똥을 강원도나 충북 사람들은 쐐똥이라고 한다. 방가지똥이든 쐐똥이든 '똥'은 똥이라서 선입감은 좀 그렇지만 맛은 그런 대로 좋은 나물이다. 맛을 구태여 비교한다면 쌉쌀한 맛이 민들레와 흡사하다.

쐐똥은 5월 말경부터 7월 장마 때까지 왕성하게 자라는데 키가 1m도 넘게 자란다. 마을 근처의 밭두렁이나 개울가, 산자락의 묵정밭 주변에 주로 많고, 산자락 버덩의 축축한 습지대에서 왕성하게 자란다. 연한 순을 한 뼘 이상씩 꺾는데, 대궁도 굵고 잎도 빼곡하게 많이 나서 마음먹고 꺾으면 한 아름도 꺾을 수 있다.

산나물이든 들나물이든 나물 뜯기가 다 끝난 한여름에 바람도 쐴 겸 나들이 삼아 가까운 농촌에 나가서 개울가나 밭둑을 슬슬 돌아다니면 흔하게 눈에 띈다. 욕심을 부려 좀 꺾었다면, 끝 순과 연한 잎만 따서 데치면 훌륭한 나물이 된다. 새콤달콤하니 초장에 무쳐도 좋고, 된장에 무치면 쌉쌀한 맛을 그대로 느낄 수 있어 입맛을 돋운다.

또한 숭덩숭덩 썰어 겉절이를 해서 보리밥을 썩썩 비벼 먹으면 쌉쌀한 맛이 그저 그만이다. 변비가 심한 사람이 며칠만 먹으면 장 청소까지 깨끗하게 한 듯이 속이 시원해진다.

잎을 따지 않고 꺾은 순 그대로 위생봉지에 넣어 냉장실에 보관하면 열흘 정도는 두고 먹을 수 있다. 며칠 지나면 좀 뻣뻣해지기는 해도 삼겹살을 싸먹으면 상추보다 훨씬 쓴맛이 진해서 고기를 많이 먹어도 소화가 잘 되고 위장에 부담이 없다. 돼지고기에 산나물을 곁들여 먹으면, 많이 먹어도 살이 찌지 않는다고 한다. 돼지고기도 산나물도 사람의 몸에 축적된 중금속을 씻어내는 작용이 강하다고 하니 많이 먹을수록 좋은 것이 아닐까?

여름에 시장이나 길거리에 벌어진 장마당에 보면 방가지똥을 한 모숨씩 묶어서 파는 것을 흔히 볼 수 있다. 전에는 시장에 나오지 않았는데, 십여 년 전부터 보이기 시작하더니 이제는 아무 데나 가도 눈에 띄는 걸로 보아 많이 알려진 모양이다.

나는 길가다 눈에 띄면 일부러 집어 들고 이게 무슨 나물이냐고 묻곤 한다. 파는 사람들은 한 결 같이 씀바귀나물이라고 대답하고, 입맛 돋우는 데는 최고라고 덧붙이는 걸 잊지 않는다. 우리나라 사람들은 누구나 쓴맛이 나는 나물을 먹으면 입맛이 도는 모양이다.

요즘 쌈밥 집에 가면 갖가지 쌈이 푸짐하게 많이 나오는데, 그 중에 방가지똥 비슷한 잎을 볼 수 있다. 맛도 쌉싸름하니 비슷하다. 틀림없이 야생 방가지똥을 개량해서 재배를 하는 것 같았다. 나는 일부러 맛을 비교해보려고 그 잎만 골라서 먹어본 적이 있었다. 맛은 틀림없는 방가지똥 맛인데, 쓴맛이 부드러웠다. 주인에게 그 나물 이름이 뭐냐고 물었더니 모른다고 대답했다. 분명 예쁜 이름이 붙었을 것이다.

방가지똥의 효능

방가지똥은 특이한 성분이나 약효가 있는 식물은 아니다. 다만 중국 약학서적 '본초강목'이나 '신농본초경' 등에 신경을 안정시켜 마음은 편안하게 하고, 시력을 좋게 하며 오장의 독소를 제거한다고 적혀있다. 또한 불면증과 위장병을 다스린다고 했는데, 공감이 가는 말이다.

우리가 늘 즐겨 먹는 상추와 씀바귀나물을 많이 먹으면 졸린다고 한다. 그것은 보통사람들도 경험하는 사실인데, 그 성분이 바로 즙액에 있다. 상추도 노지 재배한 것은 뜯으면 즉시 하얀 즙액이 나온다. 방가지똥은 성체가 크기도 하지만 하얀 즙액이 엄청나게 많다. 비슷한 쓴 맛의 민들레와 고들빼기가 위장병에 특효라는 것을 생각하면 방가지똥에도 그런 약효가 있을 것임이 분명하다.

밝혀진 효능으로는 해독, 건위, 해열, 면역강화 등이 있으며, 암을 일으키는 바이러스에 강하여 항암작용도 있다고 알려져 있다. 해독작용을 하기 때문에 간경화, 간암, 유방암 등에 녹즙을 쓴다고 한다. 민간요법으로는 소화불량, 이질, 악창, 벌레 물린 데나 뱀에게 물렸을 때 하얀 즙액을 바르면 독기가 빠진다고 한다. 그러나 약으로 알기보다는 맛있는 나물로만 생각하고 자주 먹으면 몸은 저절로 건강해 질 것이다.

10. 머위

야생머위

　머위는 엉거싯과에 딸린 여러해살이 식물이다. 잎자루의 길이는 6~70cm 쯤 자라며 굵기는 어른 손가락 굵기만큼씩 자라기도 한다. 잎은 둥글넓적한 원형이고 잎 둘레는 톱니 형이다. 흔히 물기가 많은 곳에서 땅속뿌리가 옆으로 뻗으면서 자란다. 꽃은 흰색이며 이른 봄에 잎이 나오기 전에 피는데 암꽃과 수꽃이 따로따로 꽃차례를 이루며 수꽃은 약간 노란색을 띤다. 머위의 꽃을 한방에서는 관동화款冬花라고 하며 해수, 천식, 담 등의 증세에 쓰인다.

　야생 머위는 4월 중순경부터 채취하여 먹을 수 있지만 잎줄기가 굵어질 무렵인 5월 말경에서 6월 중순경의 머위가 맛도 향도 짙다. 6월이 넘으면 잎이며 줄기가 쇄고 맛도 향도 반감한다. 그러나 머위는 지상부위를 잘라내면 이내 새싹이 자라는데, 한 포기에서 두세 번은 잘라 먹을 수 있다. 머위는 청정지역의 개울가나 논두렁, 밭두렁의 습지에 주로 자생하는데, 자생력이 왕성하여 군락지를 이룬다.

머위는 그 모양이 곰취와 아주 비슷하다. 잎 모양이며 줄기며 자라는 습성도 같은데, 다만 줄기의 굵기가 곰취보다 굵다. 그러나 꽃 모양은 확연히 다르며 그 맛 또한 천양지차이다. 곰취는 주로 잎을 생으로 쌈을 싸먹지만, 머위 잎은 맛이 너무 써서 생으로는 먹을 수 없다. 연한 잎은 살짝 데쳐 쌈으로 먹거나 무쳐먹지만, 머위는 주로 굵은 잎줄기를 먹는다.

머위는 독특한 맛과 향이 있어 그 맛을 아는 사람만이 즐겨 먹는다. 주로 줄기를 나물로 먹는데, 데쳐서 껍질을 벗겨야 한다. 머위껍질은 매우 질겨서 잘 벗겨진다. 손질한 머위 줄기를 굵은 것은 반으로 가르고 길쭉길쭉하니 썰어 마늘을 듬뿍 넣고 들기름에 볶으면 독특한 맛과 향이 기막히게 좋다. 들기름 향이 싫다면 볶을 때 들깨가루를 약간 넣으면 부드럽고 고소한 맛이 일품이다.

호남지방에서는 머위줄기와 우렁(민물고동)살을 넣고 끓이다가 나중에 들깨가루를 넣고 걸쭉하게 조리하는데, '머위 우렁탕'이라 하여 그 맛이 독특하여 보약을 먹는 기분이 들곤 한다. 또한 머위 줄기를 굵은 것만 골라 살짝 숨죽일 정도만 데쳐 껍질을 벗기고 길쭉길쭉하니 잘라 고추장에 버무려 장아찌를 담으면 오래 두고 먹을 수 있고, 그 맛이 또한 일품이다. 머위 잎은 쉰 것은 질겨 먹을 수 없지만 어린잎은 살짝 데쳐 쌈으로 먹으면 쌉쌀한 맛이 입맛을 돋우며 그 맛에 싫증을 느끼지 않는다.

머위의 성분과 효능

머위꽃

머위는 단백질, 지방, 당질, 섬유질, 회분, 칼슘, 철, 인이 고루 들어 있다. 칼슘은 100g당 718mg으로 멸치와 함량이 비슷하고, 비타민A와 C도 풍부하다. 머위는 해독 작용이 있기 때문에 옛날부터 민간요법으로 꽃과 뿌리를 건위, 기침, 가래, 기관지염, 인후염, 편도선염에도 사용했다. 머위의 주성분인 폴리페놀은 식욕을 증진시키며 소화를 촉진하고 위장병을 다스린다고 한다. 머위는 신경통, 류머티즘, 신경쇠약, 치질에도 효험이 탁월한 것으로 알려졌다.

최근 일본에서 머위를 이용한 중풍(뇌졸중)예방 민간요법이 전해지며 한 때 유행처럼 퍼진 적도 있어 그 방법을 소개한다.

계란 유정란 1개를 흰자만 받아 사기그릇에 담고 대나무 젓가락을 사용하여 시계방향으로 거품이 날 때가지 150번 정도 휘저은 다음. 머위 잎 3～4장을 즙을 내어 섞고 같은 방향으로 50회 정도 젓는다. 여기에 청주 4～5숟가락을 넣고 30회 휘저은 다음, 청매실 5개를 과육만 발라 즙을 내어 넣고 20회 저어주면 약 150미리 리터가 되는데, 이것을 공복에 먹어야 한다. 먹은 뒤에 30분까지는 물이나 음식을 먹지 말아야 한다. 조리 기구는 쇠붙이를 쓰지 않는 것이 중요하다.

11. 무청(시래기)

무청

무청은 들나물이 아니지만 시래기로 말려두면 산나물 못지 않은 맛있는 나물이 된다. 그 흔하고 좋은 시래기를 많이 먹자는 뜻에서 무청 말리는 요령과 조리방법 한 두 가지를 소개한다. 시래기를 한자로는 청경靑莖이라고 하는데, 시래기를 모르는 사람도 없고 안 먹어본 사람도 없을 것이다. 워낙 흔한 나물이라 나물 축에 들지도 못할 지경이지만, 그 진솔한 맛과 높은 영양가는 세상의 어느 나물도 따르지 못한다.

우리 속담에 '남이 장에 가니 시래기타래 지고 따라간다.'는 말이 있다. 내다 팔 것은 없고, 사고 싶은 것은 많으니, 시래기타래나마 지고 가서 장바닥 한 귀퉁이에 난전을 본다. 요행으로 시래기가 팔리면 고등어손이나 사서 지게목발에 매달고 오던 그만한 행복이 없던 시절이 있었다.

혹시 시래기 좆을 아시는지? 무청을 엮을 때 자잘한 무를 떼어 버리지 않고 꼬리를 툭 쳐서 그냥 엮어두면 새들새들하게 마른다. 시들어 말랑말랑해진 희끔한 그 무가 꼭 뭐(?)같이 생겨서 시래기 좆이다. 시래기 좋을 뜯어서 바짓가랑이에 쓱쓱 문질러 으적으적 씹어 먹으면, 쫀득쫀득하면서도 매콤하고 달짝지근한 맛이 주전부리감으로는 그만이었다. 헛간 바람벽에 매달린 시래기타래를 기웃거리며 시래기 좋을 찾던 시절이 엊그제 같기만 하다.

조선말 한때 무소불위의 권력을 쥐었던 홍선대원군이 가장 즐겨 먹었던 나물이 무청 시래기였다. 홍선군 이하응은 대원군이 되어서도 파락호시절에 먹었던 저잣거리의 시래기장국 맛을 못 잊어 밤이면 평복을 하고 나갔다. 대궐이라고 어찌 시래기나물이 없었을까마는, 서민들이 먹는 저잣거리 시래기장국의 그 진솔한 맛을 대원군은 잊지 못했던 모양이다.

그렇다. 시래기의 맛은 따로 거론할 필요도 없는 그저 진솔한 우리의 맛이다. 토장국을 끓이든, 나물로 볶든, 지지든, 찌개를 끓이든 구수한 그 맛은 변함이 없다. 옛날에도 시골에서 밥술께나 먹는 집들은 입춘 때 시래기떡을 해먹었다. 시래기떡은 아무리 친한 이웃간이라도 나누어 먹지 않았고, 집안끼리만 먹던 귀한 음식이었다. 떡에 넣을 시래기는 삶지 않고 물에 하루쯤 불린다. 불린 시래기를 숭덩숭덩 썰어 쌀가루와 버무려서 시루떡을 찌듯이 켜켜로 팥고물을 앉히고 찐다.

무청에는 비타민, 미네랄 등 영양소도 풍부할 뿐만 아니라. '글루코시노레이트'라는 강력한 항암 물질도 함유돼 있다는 것이 동물실험에서 밝혀졌다고 한다. 그 좋은 무청이 돈 안들이고 사시사철 얼마든지 먹을 수 있는 나물이다.

도시에 살면서 꿈쩍만 하면 돈인데 어찌 돈이 안 들까마는 그만큼 값싸고 손쉽게 구할 수 있다는 말이다. 봄, 여름에는 무, 배추, 열무를 비롯한 채소가 지천이라 구태여 무청을 고집할 필요가 없겠지만, 내가 말하고자 하는 것은 늦가을부터 겨울까지 먹을 수 있는 말린 시래기다. 요즘 웰빙 음식재료로 꼽히며 시래기가 좋다는 소문이 나면서 이제는 전국 곳곳에 시래기를 데쳐 말려 상품으로 파는 업체가 늘어나는 실정이다.

우선 무청을 엮어 말리는 요령부터 설명한다. 야채 시장이나 시골 무밭에 가면 썩어나는 게 무청이다. 그렇게 구하기가 치사하고 싫다면, 동치미 무를 살 때나 김장 무를 살 때 무청이 싱싱한 무를 골라 사면된다.

무청 밑동 무 대가리깨를 바투 잘라 누런 떡잎을 따서 간추려 두고, 무단을 묶었던 짚이나 나일론 끈으로 엮는데, 엮는 요령이 중요하다. 무청은 엮어서 말려야 제대로 마르고 마른 잎이 부서지지도 않는다. 부드러운 잎이 모두 부서져 나간 시래기나물은 먹으나 마나다. 물론 나이 든 사람들은 무청 엮는 방법을 알겠지만, 시골에 살아보지 않은 젊은 사람들이나 부인들을 위하여 설명한다.

무단을 묶었던 짚이면 무청을 엮기에 충분하고, 짚이 없다면 끈을 준비한다. 끈은 네 가닥이라야 하는데, 우선 끝 부분을 한데 묶어서 반으로 갈라 앞뒤로 벌린다. 벌린 가운데에다 무청을 한 모숨 놓고 사타구니 쪽에 있던 끈을 두 가닥으로 갈라 앞쪽으로 넘기고, 앞쪽의 끈은 두 가닥으로 가른 가운데로 당겨 조인다. 즉 손가락을 V자로 벌리고 그 가운데로 손가락을 끼운 꼴이다. 그 위에 다시 무청을 한 모숨 놓고, 이번엔 앞쪽의 끈을 갈라 사타구니 쪽으로 당기고 그쪽 끈을 갈라진 가운데로 넘긴다. 그런 식으로 한번 삶아 먹을 만큼씩 엮은 다음, 남은 끈을 묶어서 바른 햇볕이 들지 않는 처마 밑이나 비가 맞지 않을 그늘에 매달아 두면 새파랗게 마른다. 햇볕에 말리면 색이 바래지고 삶아도 나물에서 볕내가 난다. '볕내'란 햇볕에 말린 나물이나 약재에서 나는 냄새를 말하는데, 말로는 표현 못할 희한한 냄새가 나서 먹을 수 없다.

시래기는 아무 날이나 먹는 게 아니다. 눈이 펑펑 쏟아지는 날이거나, 몹시 추운 날일수록 그 맛이 구수하게 느껴진다. 사람의 입맛이란 같은 음식이라도 환경과 분위기에 따라 달라지게 마련이다. 혹한에 설한풍이 몰아치는 날, 따뜻한 집안에서 온 식구가 오순도순 둘러앉아 시래기나물을 먹는 정취도 그저 그만일 것이다.

시래기나물은 특히 정월대보름날 먹는 대표적인 나물이다. 대보름 음식은 홀수의 숫자로 차리는 게 풍습이다. 밥도 오곡밥이고, 나물도 다섯 가지, 부럼도 밤 호두를 비롯하여 다섯 가지를 준비한다. 다섯 가지 나물 중에 시래기와 취나물은 빠질 수 없고, 호박과 가지의 고지, 고사리나 도라지나물 등이다.

옛날에는 한해 세시歲時 중에 대보름을 가장 중하게 여겼다. 겨우내 부실했던 몸에 오곡밥을 비롯한 각종 나물과 견과류를 먹어 영양을 보충하는데, 동네 아홉 집 오곡밥을 얻어먹어야 그해를 고뿔도 안 걸리고 건강하게 난다고 믿었다.

또래들끼리 패거리를 지어 이 집 저 집 우루루 몰려다니며 오곡밥과 귀밝이술, 복쌈을 얻어먹으며 마지막으로 설 명절 기분을 털어낸다. 그리고는 대보름을 지난 이튿날부터 쟁기를 비롯한 농기구를 손보고, 논밭에 두엄을 져내는 등 그해 농사를 준비하는 것이다. 그 시절은 이제 아련한 추억일 뿐이다. 아름다운 추억을 고스란히 간직하는 것만도 행복이라고 생각하며 그나마 위안으로 삼는다.

여러 가지 시래기나물 조리법은 모르는 사람이 없겠지만, 널리 알려지지 않은 간단한 조리법 한 가지만 소개한다. 우선 삶은 시래기를 물기 없이 꼭 짜야한다. 푸실푸실하게 짠 시래기를 송송 썬다. 잘게 썬 시래기에 생콩가루를 골고루 뿌려 버무린다. 시래기에 물기가 많으면 콩가루가 덩어리로 뭉쳐 맛도 모양도 반감한다. 멸치와 다시마를 넣어 끓인 육수에 된장을 심심하게 풀고 시래기를 풀어가며 넣는다. 센 불에 한 번만 부룩 끓어오를 때 불을 꺼야 콩가루가 풀어지지 않고 맛이 진하다.

이름하여 '시래기콩국'이다. 시래기 본연의 진솔한 맛과 콩가루의 구수한 맛이 어우러진 시래기콩국은 소시지와 피자 맛에 길들여진 아이들이라도 맛이 없다고는 투정하지 못할 것이다. 적어도 김치를 먹는 우리 아이들이라면 말이다. 시래기 한 쾌기, 콩가루 한 종지는 돈으로 치면 2천 원도 안 될 것이다. 단돈 2천 원으로 온 가족이 무공해 건강 다이어트 보양식을 먹을 수 있는 식품은 시래기 외엔 없을 것이다.

시래기 요리를 모르는 주부는 없겠지만 시래기는 된장과 찰떡궁합이다. 된장국이나 된장무침은 우리고유의 맛인데, 된장에 부족한 비타민과 무기질을 시래기가 보충해주어 영양도 만점이다. 시래기는 또한 고등어와도 궁합이 잘 맞는다. 고등어에 부족한 식이섬유를 시래기가 보완해 줄 뿐 아니라 고등어 특유의 비린내를 제거하여 담백하고 구수한 맛을 더해 준다.

시래기의 효능

시래기에는 섬유질과 비타민A, B, 칼슘, 철분, 등이 풍부해 다이어트식품으로 각광받고 있다. 시래기는 식이섬유가 많아 먹을 때 약간 질긴 느낌을 주는데 시래기 100g에는 식이섬유가 2.3g으로 전체의 35% 이상을 차지한다. 시래기의 식이섬유는 포도당의 흡수율과 콜레스테롤 수치를 낮춰 당뇨와 동맥경화 등을 예방해 주는 효과가 있다.

또한 체내 수분을 흡수해 대변의 부피를 증가시키고 배변속도를 높여 변비를 막아 준다. 여기에다 시래기의 100g당 열량은 19㎉로 낮아 다이어트 식품으로도 손색이 없다. 무청에는 비타민B1, B2, 철분, 칼슘 등이 무보다 훨씬 많이 들어 있다는 것이 밝혀졌다.

또한 시래기는 칼슘 함량도 높아 성장기 어린이의 골격 형성과 갱년기 여성의 골다공증 예방에도 좋다. 삶은 시래기 100g에는 칼슘이 335㎎ 들어 있다. 하루 100g만 먹어도 성인의 하루 권장량의 절반가량을 섭취할 수 있을 뿐만 아니라, 철분도 14.5㎎으로 성인 여성의 하루 필요권장량인 14㎎보다 많아 빈혈이 있는 여성에게 특히 좋다.

제2부 산나물

1. 원추리

원추리 꽃

나릿과의 다년생 식물인 원추리는 꽃이 아름답다. 몇 뿌리 캐다가 큼직한 화분에 심어두면 거의 달장간 꽃을 즐길 수 있다. 원추리를 한자로는 원추리 훤萱자의 훤초萱草이라고 하는데, 옛날 선비들은 상대자와 그 어머니를 높여 부를 때 훤당萱堂이라고 불렀다. 어머니가 거처하는 뜰에 원추리를 심어 즐겁게 했다는 뜻에서 유래한 말이라 전한다. 원추리 꽃이 그만큼 아름답다는 말일 게다.

원추리의 또 다른 이름으로 망우초忘憂草라고 부른다. 옛날에는 담배를 망우초라고 했다. 한 대 피워 물면 온갖 근심걱정이 사라져서 망우초라고 했던 모양이다. 그렇다면 원추리도 먹거나 말려서 담배처럼 피우면 근심걱정이 사라진다는 뜻인지 뭔지 한참 고민한 적이 있었다.

　말려서 피워보지는 않아 그 기분은 모르겠거니와, 꽃을 보면서 비로소 망우초의 뜻을 깨닫게 되었다. 원추리 꽃을 망연히 보고 있으면, 꽃송이가 마치 허공에 떠 있는 듯한 착각을 느낀다. 곧게 솟은 꽃대에서 한 송이씩 차례대로 피는데, 소박하면서도 우아한 꽃송이를 보고 있노라면 근심걱정이 저절로 사라진다. 먼저 핀 꽃이 져야 다음 꽃이 피고, 아침 햇살을 받으며 피어나서 해가 지면 따라서 지기 때문에 지는 꽃이라도 말라비틀어진 추한 모습을 보지 않는다.

　어디 그 뿐이랴. 원추리를 뜯어다 나물로 먹어보면 과연 망우초라는 그 이름값을 톡톡히 한다며 고개를 끄덕일 수밖에 없다. 원추리는 뜯는 재미에서부터 온갖 근심걱정을 잊게 하지만, 먹으면서 그 맛이 또한 그렇다.

　원추리도 산나물 치고는 일찍 나오는 나물이다. 해마다 약간의 차이가 있기는 하지만 양지쪽은 4월 초순경이면 먹을 수 있을 만큼 자란다. 그러나 보통 4월 중순부터 5월 초순까지 뜯을 수 있다. 원추리는 일찍 나오는 새싹이기 때문에 멧토끼나 노루, 고라니가 즐겨 먹는다. 중국 송나라 때의 의학자 소송蘇頌이 지은 '도경본초圖經本草'에는 원추리를 사슴이 먹는 아홉 가지 해독약초 가운데 하나라고 하여 사슴이 먹는 파, 곧 녹총이라고 기록하였다. 게다가 요즈음은 야산에도 멧돼지가 많은데, 이놈들은 아예 뿌리 채 캐먹어서 점점 귀해지는 나물이 되어가는 것이 안타깝다.

　원추리 역시 군락을 이루어 자생한다. 높은 산이나 비탈진 지형에서는 개체별로 드문드문 나지만, 생육조건이 좋은 지역에는 원추리밭이라고 부르고 싶을 만큼 군락을 이룬다. 산비탈보다는 산자락의 흙살이 좋은 지역에 자라는데, 볕 바른 양지보다 반 음지의 원추리가 실하고 맛도 좋다. 다른 나물들은 해 거리를 해가며 뜯는 것이 좋지만, 원추리는 생육이 워낙 왕성해서 해마다 뜯어도 지장이 없다.

원추리는 칼로 도리는데, 땅 거죽에서 도리는 것이 아니라 땅속까지 칼끝을 넣어 하얀 부분까지 도려낸다. 그렇게 초벌 싹을 도려내면 외려 더 실한 두 번째 싹이 나온다. 그러나 두 번째 돋은 싹은 맛이 없다.

원추리 뿌리 역시 훤초근萱草根, 의남宜男이라 하여 약제로 쓴다. 우리 고향에서는 원추리를 부채나물이라고 한다. 부채처럼 납작하게 생겨서 생긴 대로 부른 이름일 게다.

원추리는 이른 봄에 먹을 수 있는 나물 중에 제일 많은 양을 채취할 수 있기 때문에 시장에서 흔히 볼 수 있고 값도 싸다. 아무리 싸다지만 산나물은 내 손으로 뜯어다 먹어야 제 맛을 알 수 있다. 내 노력의 맛도 맛이지만, 싱싱할 때 먹어야 제 맛이기 때문이다.

원추리 조리법도 구태여 설명할 필요가 없을 것이다. 원추리가 한창일 때, 달래는 너무 자라 향은 덜하지만, 매큼한 맛은 오히려 절정이다. 원추리와 달래를 넉넉하게 넣고 된장찌개를 바글바글 끓이면 냄새만 맡아도 식욕이 동한다.

원추리를 통째로 넣고 된장을 심심하게 풀어 된장국을 끓여서, 길쭉한 원추리 건더기를 젓가락으로 건져 후후 불어가며 먹는 그 맛을 말로는 표현할 수 없다. 원추리는 향이 별로 없기 때문에 나물로 무칠 때는 마늘이나 향신료를 넉넉하게 넣으면 별다른 맛을 즐길 수 있다.

원추리를 먹고 나서 소변을 보면 소변 색깔이 파랗다. 다른 나물에 비해 살이 두텁기 때문에 섭취하는 양이 많아 그럴 것이다. 볼 것 못 볼 것, 들을 것, 못 들을 것, 먹을 것 못 먹을 것들을 두루두루 섭취해서 시커멓게 상한 몸과 마음에 새파란 원추리 물을 들였다고 생각하면, 저절로 힘이 솟고 기분도 상쾌해지지 않을까? 그렇게 느꼈다면 속속들이 원추리 효과를 본 것일 게다.

원추리나물은 예로부터 우리 조상들이 즐겨 먹었던 봄나물이다. 그리하여 원추리나물 무침을 훤채萱菜라고 하여 임금님 수랏상에도 올랐던 나물이다. 오늘은 훤당萱堂님 저녁 진짓상에 훤초 토장국과 훤채를 올리시면 어떠하올지?

원추리는 채취해온 즉시 다듬어 데치는 것이 좋다. 시들면 맛이 반감하고, 냉장고에 오래 두면 질겨진다. 끓는 물에 천일염을 적당량 넣고 숨만 죽을 정도로 살짝 데쳐 물기를 짜고 냉장실에 보관하면 한이레는 두고 먹을 수 있다. 양이 많다면 냉동실에 얼려두었다가 한겨울에 된장찌개나 무침을 해먹으면 별미다.

원추리 성분과 효능

원추리는 폐결핵, 빈혈, 황달, 변비, 소변불통 등에 치료약으로 쓰는데 뿌리를 약재로 쓴다. 나물로 먹을 경우 이뇨작용, 항염증작용, 지혈작용, 해독작용이 뛰어나다고 한다. 원추리 싹과 꽃은 독이 없다. 삶아 먹으면 소변이 붉고 잘 나오지 않는 것과 번열과 술로 인하여 황달이 된 것을

원추리

치료한다.

원추리나물은 변비에도 효과가 좋다. 장기능이 나빠 변상태가 고르지 않거나 여행을 할 때나 긴장했을 때 생기는 긴장성 변비에 원추리나물을 먹으면 변을 잘 볼 수 있게 된다. 원추리는 마음을 안정시키고 스트레스, 우울증을 치료하는 약초로 알려져 있다.

2. 얼레지

얼레지는 백합과의 다년초인데 참 묘한 식물이다. 얼어붙은 땅속에서 꽃을 잉태하여 싹이 돋음과 함께 꽃대가 올라오고, 두 잎이 갈라져 펴지면서 꽃이 활짝 핀다. 한 마디로 해동과 동시에 싹이 돋아 잎과 꽃이 함께 피어나는 것이다. 잎은 타원형으로 길쭉하고, 두터우면서도 부드러운데, 옅은 갈색 무늬가 있다. 눈 속에서 노랗게 꽃이 피는 복수초와 함께 하얀 눈 속에서 화사한 연보라 빛 얼레지 꽃이 무리 지어 피는데, 꽃 모양이 활짝 날아오르는 팔색조처럼 경쾌하고 아름답다.

얼레지의 생육기간은 불과 두 달 남짓이다. 7~8월이면 벌써 잎은 말라 흔적도 없고 꽃대만 멀쑥하니 서있다. 산나물 중에 가장 먼저 돋아 꽃이 피었다가 남들이 왕성하게 자라고 번식하는 여름철에 벌써 생을 마감하고 숲에서 사라지는 특이한 식물이다. 이듬해 봄이 올 때까지의 그 긴긴 나날을 얼레지 알뿌리는 땅속에서 무엇을 하며 어떻게 지내는지 매우 궁금하다. 일자 안부나마 물을 수 있다면 얼마나 좋을까.

이름도 예쁜 얼레지는 고상하게 높은 산에서만 자생한다. 높은 산이지만 험한 지형이 아니고 경사진 비탈도 아니다. 지리학상으로는 비대칭배사非對稱背斜라고 말하는 엇비탈에 엄청난 면적의 군락지를 이룬다. 경사도 아니고 그렇다고 평지도 아닌 이러한 지형의 엇비탈은 경사면에서 흘러내린 부엽토가 오랜 세월 동안 쌓이고 쌓여 대개 흙살

꽃이 핀 얼레지 군락지

이 깊고 기름지다. 소나무나 잡목이 울창한 나무숲 속에서는 그늘이 들어 자라지 못하고, 갈잎나무 숲에 군락을 이루는데, 한창 꽃이 피었을 때는 그 아름다움이 가히 장관이다.

얼레지는 연약한 싹에 비해 2~30cm의 땅속에 그 알뿌리가 박혀 있다. 비늘알뿌리는 생약 명으로 산자고山慈姑라 하는데, 약제로도 쓰고 녹말가루를 내어 먹기도 한다지만 나는 먹어보지 못했다. 다년생인 얼레지를 뿌리째 캐면 캐는 만큼의 개체는 사라지는 것이다.

얼레지는 4월 10일경부터 4월말까지 20여 일 남짓한 기간 동안이 채취에 적기다. 적기가 지나면 쇠기도 하려니와 잎에 누런 반점이 생겨 보기에 께름칙하다. 얼레지 뜯기는 참 재미있다. 두 잎이 마주 나고 가운데 꽃대가 솟았는데, 잎과 꽃대를 한꺼번에 잡고 당기면 우동가락 같이 하얀 뿌리줄기가 한 뼘씩 뽑힌다. 알뿌리는 뽑히지 않기 때문에 이듬해 다시 싹이 돋아난다. 얼레지는 뿌리줄기와 잎까지 실한 것은 두 뼘 가깝기 때문에 분한이 많다. 어지간한 배낭 하나

는 금방 채울 수 있다.

얼레지는 삶아서 금방 먹지 못한다. 데쳐서 물을 넉넉하게 부어 두면 연보랏빛 물이 우러나는데, 물을 한두 번 갈아주며 하루쯤 우려내면 먹을 수 있다. 된장에 무치거나, 초고추장에 무쳐도 쌉싸름한 그 맛이 일품이다. 특히 된장찌개나 국을 끓이면 미역처럼 부드럽고 쌉쌀한 맛이 별나다. 물기를 꼭 짜서 냉장실에 넣어두면 열흘쯤은 두고 먹을 수 있다.

내가 얼레지를 처음 먹어본 것이 1993년 봄이었다. 포천 삼율리에서 장편소설을 집필할 때였는데, 어느 봄날 마을 사람들이 얼룩취를 뜯으러 가자고 했다. 얼룩취라는 건 또 어떻게 생겼냐고 물었더니, 잎이 얼룩덜룩해서 얼룩취라고 했다. 한창 산나물에 재미를 들이던 때였지만, 얼룩취라는 산나물은 듣도 보도 못했으므로 열 일 제치고 따라나섰다.

군사작전도로를 따라 높은 산 8부 능선까지 차를 몰고 올라갔는데, 차에서 내려 골짜기로 들어서자 눈부신 꽃밭이 화려하게 펼쳐지는 것이었다. 그 아름다운 꽃밭이 바로 얼룩취 밭이라고 했다.

사람이 일삼아 가꾸어도 그렇게 가꾸기는 어려울 것이라고 느껴질 만큼 아름다운 꽃밭이었다. 너무 아름다워 마구 쥐어뜯기가 매우 죄스러웠지만, 남들이 모두 뜯으니 나도 뜯었다. 열무밭에 앉아 열무를 뽑듯이 뽑다보니 금방 배낭이 찼다.

일행은 계곡으로 내려가서 얼룩취를 데치고, 준비해간 삼겹살을 구워 얼룩취나물에 싸서 실컷 먹었다. 얼룩취를 데쳐서 짜면 설탕물을 만진 듯이 손이 끈적거렸는데, 당분이 많은 탓인지 달착지근하면서도 쌉싸름한 그 맛이 기막히게 좋았다. 우리 일행 다섯 명은 안주도 실컷 먹고는 모두 술이 거나해서 돌아오는데, 차를 타고 30분쯤 오다보니 아랫배 창자가 꿈틀꿈틀 뒤틀리는 기분이 들었다.

나는 이상하다 싶어 옆 사람에게 물었더니, 그 사람 역시 기다렸다는 듯이 빨리 차를 세우라고 아우성을 쳤다. 운전을 하던 사람이 두말 않고 차를 주유소에 대더니 남 먼저 뛰어내려 화장실로 내 뛰었다. 일행 다섯 명은 체면치레도 없이 앞을 다투어 뛰었는데, 화장실은 두 칸밖에 없었다. 발을 동동 구르던 세 사람은 화장실 뒤로 돌아가 염치 불구하고 엉덩이를 까야만 했다.

그런데 참 이상한 것이 그렇게 설사가 나오는 데도 배는 아프지 않았다. 시원하게 볼일을 본 우리는 뱃살을 잡고 웃다가 차에 올라 달렸다. 웃고 떠들기를 채 20분이나 했을까? 기사가 또 차를 주유소에 대더니 내 뛰었다. 남은 네 사람도 서로 멀거니 마주보다가 후다닥 화장실로 뛰어야 했다.

우리는 한 시간 반 정도 차를 타고 오는 동안 네 번이나 화장실에 들러야 했다. 그렇게 설사를 해댔으면 으레 녹초가 되어 늘어져야 하건만, 누구하나 늘어진 사람 없이 멀쩡했고, 배가 아프기는커녕 외려 체중이 내려간 듯 속이 시원했다. 결국 돈 안들이고 대장 청소를 깨끗이 한 셈이었다.

나중에 알고 보니 그게 바로 얼레지였는데, 우려내지 않고 먹으면 그렇게 설사를 한다는 것이었다. 하지만, 싱싱한 얼레지를 금방 데쳐 먹는 그 맛을 잊을 수 없어 나는 매년 뜯을 때마다 조금씩 먹곤 했었다. 그렇게 속을 길들여서 그런지, 나는 이제 얼마든지 먹어도 설사를 하지 않는다. 세상만사 모든 것이 길들이기 나름이라는 것을 나는 온 몸으로 체험한 것이다.

채취한 얼레지

얼레지는 우려서 먹어도 좋지만, 말려서 묵나물로 먹는 맛이 제
맛이다. 얼레지 묵나물에 관한 에피소드를 한 가지 더 소개한다. 서
너 해 전 겨울에 설악산에 갔다가 오색에서 하룻밤을 묵게 되었는
데, 음식점이든 기념품점이든 간에 산나물 말린 것을 수북수북 쌓아
놓고 팔고 있었다.

　나는 당연히 관심이 있어 이것저것 묻고 값을 물었는데, 같은 중
량의 봉지지만 설악산 나물이라는 것이 취나물 값의 곱절이었다. 취
나물이 오천 원이고 설악산 나물이 만 원이라고 했다. 내가 보기에
그 설악산 나물이라는 것은 분명 말린 얼레지였다.

　시침을 떼고는 설악산 나물이 왜 비싸냐고 했더니 아니나다르랴,

설악산에서만 나는 얼레지라는 나물인데, 너무 귀하고 맛도 좋아서 산나물 중에 최고급 나물이라는 대답이었다. 그 말을 듣고 나는 회심의 미소를 지었다. 설악산에서만 난다는 최고급 나물이 우리 집에는 쟁여 있으니 즐거울 밖에.

그해 정초에 소설가 이호철 선생님 댁에 세배를 갔었다. 세뱃상에 묵나물 볶음이 올라왔는데, 맛을 보니 바로 얼레지였다. 이 귀한 나물을 어디서 구했냐고 여쭈어 보았더니 구사모님이 대답했다. 설악산에 갔다가 선물로 받았는데, 맛이 좋아 먹기는 먹어도 이름을 모르겠다는 것이었다. 나는 그날 그 자리에서 산나물 박사학위를 땄다.

얼레지 말린 묵나물은 바짝 말라 부서지기 쉽다. 물을 뿌려 추겨두었다가 끓는 물에 삶아 대여섯 시간 물에 담가두면 부드럽게 풀어진다. 얼레지의 쌉싸름한 맛을 즐길 줄 안다면 우리지 않아도 탈은 없다. 얼레지를 숭덩숭덩 썰어 들깨 가루를 넣고 무치거나, 들기름을 넉넉하게 치고 볶아 먹는다.

설악산 주변의 음식점에서 파는 산나물 비빔밥에는 거의 얼레지 묵나물이 들어간다. 얼레지 묵나물은 부드러워서 비빔밥에 궁합이 썩 잘 맞는다고 한다. 한 마디로 얼레지나물이 들어가지 않은 비빔밥은 산채비빔밥이 아니라고 설악산 주변 식당 주인들은 말한다.

얼레지의 성분과 효능

한방에서는 뿌리를 자양강장, 해열, 해독, 항염증, 소변불통에 사용하며, 민간요법으로는 뿌리와 잎을 강심약, 부스럼, 궤양성 질병, 위장병 등에 사용하며, 찰과상, 종기 습진, 구토 등에 쓴다고 하였다.

3. 산갓

산갓

　웬만한 사람들은 산갓이 무엇인지 모를 것이다. 머리에 쓰는 갓이 아니고, 산에서 나는 먹는 갓이다. 산갓은 개소리, 닭소리가 들리지 않는 심산유곡에만 자생한다. 경기도 북부와 강원도 북부 사람들은 산갓이 금강산을 마주보는 산에서만 자생한다고 말한다. 그 말이 맞는지는 모르지만, 남쪽지방 산에서는 내 눈에 띄지 않아 나도 그러려니 여긴다. 산갓도 혹한을 견뎌야 살아남는 모양이다.

　산갓은 산개山芥라 하여 옛부터 귀해서 임금님 수랏상에 올랐다고 하며 상류층에서만 먹었던 귀한 나물이었다. 귀한 산나물은 모두 수명이 짧은 것인지, 산갓도 생육기간이 두 달 남짓이다. 싹이 돋으면서 줄기가 뻗어 꽃이 피고, 주변의 나무들이 잎을 피워 그늘이 지기 시작하면 씨가 여물고 말라죽는다. 산갓 역시 다년생이다. 뜯을 때

뿌리가 다치지 않게 조심해야 한다.

산갓은 물이 흐르는 깊은 계곡에 자생한다. 물이 많은 큰 계곡이 아니라, 샘물이나 계곡의 물이 째질째질 흐르는 개울 돌 틈이나 이끼 낀 바위 밑에 한 뿌리에서 대여섯 때로는 여남은 줄기씩 자란다. 줄기가 자라면서 꽃이 피기 때문에 먹을 수 있는 기간이 불과 보름 남짓이다.

산갓 역시 꽃이 피면 쇠고 맛이 없다. 생육조건이 좋은 지역에서는 뼘이 넘게 자라지만 10~20cm가 보통이다. 나는 산갓이 산나물 중에서 제일 귀한 나물이라고 생각한다. 흔한 나물이 아니라는 뜻이다. 산갓만 뜯으러 나서서는 다리품도 못 건진다. 4월 말경에 두릅을 꺾으러 가거나 둥굴레 싹을 뜯으러 가서 계곡을 뒤지면 뜯을 수 있다.

산갓은 생으로 쌈을 싸먹는다. 양념을 하지 않은 삼겹살이나 등심을 구워 먹을 때 쌈을 싸 먹으면 그 맛이 사람 잡는다. 쓰다고 말할 수도 없고, 달다고 말할 수도 없는 그 독특한 맛과, 맵다고 말할 수도 없는데, 눈물이 쏙 빠지도록 혓바닥을 톡 쏘는 그 맛에 정신이 하나도 없다. 고추 맛도 아니고 겨자 맛도 아닌 그 맛을 내 재주로는 말로 표현할 수 없어 그저 안타까울 뿐이다. 그러고 보니 참 겨자 맛과 비슷해서 겨자 개芥자를 써서 산개라고 하는지도 모르겠다.

산갓을 재수가 좋아 넉넉하게 뜯었다면, 물김치를 담가 먹으면 바로 임금이 된 기분이다. 산갓만으로는 물김치를 담글 수 없을 것이고, 돌나물 물김치에 섞어 넣으면 발그무레한 국물이 우러나는데, 매콤한 맛도 함께 우러나 그 맛이 정말 기가 막힌다. 시원한 김치 국물과 함께 매콤하게 씹히는 산 갓 맛을 보는 그 순간에, 임금님 수랏상에 올랐다는 말을 믿지 않을 수 없다. 과음한 이튿날, 소면을 삶아 산갓 물김치에 말아 김칫국물과 함께 훌훌 마시면, 숙취는 걸음아 날 살려라 하고 대번에 줄행랑을 놓는다. 국수를 싫어한다면 찬밥을 말아먹어도 효과는 마찬가지다. 골머리 썩히면서 글을 쓸게 아니라, 산갓 재배를 해서 떼돈이나 한번 벌어 볼까하는 생각이 들 때도 있다.

또한 산갓과 달래를 섞어 김치를 담으면 그 맛이 환상적이다. 달래의 향과 매운 맛, 산갓의 특이한 향과 톡 쏘는 겨자 맛이 어우러져 희한한 맛을 낸다. 산갓 김치에 밥을 비며 먹으면 청양고추를 먹은 듯이 땀이 난다. 약효의 성분 때문인지 소화도 잘 되어 먹고 돌아서면 배가 고프다.

산갓의 성분과 효능

산갓에는 사포닌 성분이 다량 함유되었는데, 각종 암과 전염성 병원균 살균작용이 탁월하다. 민간요법으로는 산갓을 그늘에서 말렸다가 하룻밤 물에 불려 독을 뺀 뒤에 위장병, 속 쓰림, 신경쇠약, 불면증, 어지럼증, 소화불량 등에 약으로 쓴다고 했다.

산갓을 나물로 자주 먹으면 염증을 삭

산갓 물김치

이고 몸속의 독을 풀며 통증을 가라앉히고 부은 것을 내리는 작용이 있다고 하였다. 또한 기관지염, 임파선결핵, 편도선염, 유행성뇌염, 인후염, 당뇨병 등에 뿌리를 달여 먹는다고 한다.

북한에서 펴낸 '약초의 성분과 이용'에는 산갓의 효능을 다음과 같이 적었다.

산갓의 성분은 뿌리줄기에 배당체 파리딘, 파리스티핀과 아스파라긴, 알칼로이드가 있다. 잎에서는 에크디존을 분리하였다. 산갓은 줄기와 잎과 뿌리 모두를 건위약, 강장약으로 신경쇠약, 어지럼증, 불면증, 소화불량증에 쓴다. 산갓은 항암작용이 상당히 세다. 중국에서는 뇌종양, 비인암, 식도암, 피부지방종양 등에 산갓을 주재료로 한 약을 써서 상당한 효과를 거두고 있다.

4. 두릅

두릅은 두 말할 필요도 없이 산나물의 황제다. 두릅나무를 한자로는 총목楤木이라 하고, 두릅나물을 요두채搖頭菜 목두채木頭菜 문두채吻頭采라고 부른다. 같은 두릅나물을 왜 이렇게 여러 이름으로 부르는지 한참 헷갈리는데, 한자를 풀어보면 참 재미있다.

요두채의 요搖자는 흔들릴 요搖자다. 두릅나무는 키가 멀쑥하게 큰데, 외대의 나무 머리에 돋는 새순이라 미풍에도 흔들흔들 잘 흔들린다고 해서 요두채일 것이며, 목두채는 나무 머리에 나는 나물이므로 목두채가 맞다. 그런데, 문두채는 아무리 생각해도 이해할 수 없다. 문두채의 문吻자는 입술 문자가 아니던가? 너무 맛있는 나물이라 두 말할 필요도 없으니 입을 꼭 다물라는 말일까? 골머리 아픈데 그냥 그러려니 넘기고, 한 마디로 두릅은 산나물의 황제라고 말하면 조금도 틀리지 않겠다.

두릅

옛부터 전해오는 민간요법으로는 두릅은 강정작용을 하며 특히 당뇨병에는 부작용이 없으면서도 탁월한 효과를 낸다고 한다. 두릅나무 껍질을 한방에서는 총목피 樧木皮라고 하는데, 심한 허리디스크나 목 디스크로 고생하는 사람이 두릅나물과 두릅나무 껍질을 달여 먹고 효험을 보았다는 사람을 본적도 있고, 신경통과 고혈압에도 좋다고 한다. 한방에서는 감기 초기와 신경통, 관절염에도 좋다고 말한다.

뿐만 아니라 신경을 안정시켜 불안, 초조, 우울증도 없애고, 독특한 향기와 쓴맛이 식욕을 향상시킨다고 하는데, 그 말은 내가 직접 체험을 했으니 두말 할 필요가 없다. 두릅나물 성분을 분석한 자료를 보면, 비타민C와 B1, 칼슘, 칼륨, 디아스타제, 타닌산 등이 들어 있다. 그렇다고 두릅을 약효를 바라고 먹으면 약처럼 느껴져 제 맛을 알 수가 없을 것이다. 그저 맛있는 산나물로 알고 먹으면 맛이 좋고 저절로 몸에도 좋을 것이다.

두릅은 우리나라의 산 어디서나 볼 수 있는 흔한 산나물 중의 하나다. 제철이면 시장이나 길거리 난전에서도 쉽게 볼 수 있지만, 시장에서 사먹는 두릅에서 특유의 감칠맛을 느낄 수 없는 것은 며칠 묵었기 때문이다. 시장에 나온 두릅은 빨라도 2~3일, 거무칙칙하게 색이 변한 것은 며칠이 지난 것이다. 게다가 시들지 않게 자꾸 물을 뿌리면 어린 두릅이라도 심이 생기고, 향기도 맛도 사라지고 쓰기만 하다. 다른 산나물도 매한가지지만 특히 두릅은 따는 즉시 데쳐 먹어야 옹근 맛을 본다.

두릅을 꺾어서 배낭에 꼭꼭 눌러 담아 하루 종일 지고 다니다가 집에 와서 쏟아 놓으면 그새 시커멓게 뜨거나 시들어 있다. 뜨거나 시들면 두릅 본연의 감칠맛은 이미 멀리 달아난 뒤다. 두릅이 많다고 욕심을 부려 꾹꾹 눌러 쟁이면, 아까운 두릅만 못 쓰게 되고 다리 품만 판 꼴이 되기 십상이다.

전문으로 두릅을 꺾는 사람들은 커다란 마대자루를 짊어지고 다닌다. 마대자루는 공기가 잘 통하기 때문인데, 그런 사람들은 인근의 산골짜기를 손바닥 보듯이 보고 있는 마을 사람들이다. 그 사람들의 영역을 침범하는 것은 생존권을 위협하는 몰염치한 행위다. 우리도 때로는 마을 사람들이 금방 꺾어온 두릅을 사올 때도 있다.

두릅나무는 어느 산이나 있지만, 군락을 이루기 때문에 없는 산자락이나 산비탈에는 단 한 그루도 볼 수 없다. 어떤 지역은 두릅 밭이라고 여겨질 만큼 많아 한 자리에서 2~3kg 쯤 꺾기는 일도 아니다.

두릅나무는 소나무, 잣나무 숲이나 굵은 나무가 울창한 숲에서는 그늘이 들어 자라지 못한다. 그렇다고 되바라진 양지에서도 실하게 자라지 못한다. 반음 반 양지의 지역이면 산비탈이건 산자락이건 돌서덜 지대건 거리지 않고 왕성하게 자란다. 다만 한 가지 이상한 것은, 북향北向의 산에는 있기는 있되 많지는 않음을 다년간의 경험으로 알 수 있었다.

양지쪽의 두릅은 색이 붉은데다 가시가 많고, 두릅 특유의 떫고

두릅나무

쌉쌀한 맛이 진하다. 양지쪽의 두릅은 일찍 피기 마련인데 나무 자체가 마디게 자라는 데다, 일찍 피는 만큼 싹이 실하지 못하다. 풀은 다년생이든 일년생이든 양지쪽의 것들이 왕성하게 자라지만, 나무는 볕바른 양지에서는 마디게 자라기 마련이다. 특히 두릅나무는 양지를 많이 타는지, 양지쪽 나무는 가냘플 만큼 나무가 약하고 웬만큼 자라다가 저절로 말라죽는다.

반 음지의 두릅나무는 속성으로 자라고 어릴 때부터 나무가 실하다. 따라서 가시도 듬성하고 싹도 굵어서 꺾기도 쉽고 꺾는 재미도 옹골지다. 두세 개만 꺾어도 손아귀가 벌만큼 분한이 많다. 양지쪽의 두릅은 4월 20일경부터 피기 시작하지만, 맛만 볼 수 있을 정도이고 아무래도 4월 말경이 되어야 한창이다.

그 때는 원추리는 이미 시기가 지났고, 다른 나물들은 아직 돋아나기 전이므로 오직 두릅만 꺾는 산행을 한다. 절기의 늦고 이름에 따라 해마다 며칠간의 차이는 있으므로, 산행을 하면서 주의 깊게 살피는 것만이 두릅을 적기에 딸 수 있는 요령이다.

두릅을 꺾으러 갈 때는 ㄱ자형의 나뭇가지를 들고 다니기 좋을 만한 길이로 잘라서 들고 다녀야 한다. 두릅나무는 가시가 많고 곧게 자라기 때문에 손이 닿지 않을 뿐더러 손으로 잡을 수도 없다. 나무가 크든 작든 간에 갈고리 진 나무막대로 걸고 당겨야 힘도 덜 든다.

나 같은 경우는 낫을 들고 다니지만, 낫에 익숙하지 않은 사람은 다칠 염려도 있어 피하는 것이 안전하다. 게다가 사람 마음과 욕심이 간사해서 힘들게 걸고 당겨 꺾을 생각을 않고 낫으로 두릅나무를 잘라 편하게 꺾으려는 심보가 동하게 마련이다.

산을 타다보면 낫으로 찍어 넘긴 두릅나무를 흔히 볼 수 있다. 인정머리는 물론 체면도 양심도 없는 순 도둑놈 심보다. 언젠가는 두릅나무를 마구잡이로 낫으로 찍는 사람을 보고 좀 나무라자, 외려 깐족깐족 시비를 걸어왔다. 나도 화가 나서 대들었더니, 무지막지한 인간이 낫으로 찍어 죽이겠다고 대들어서 걸음아 날 살려라 하고 줄행랑을 놓은 적이 있었다.

무자비하게 두릅나무를 마구 찍어 넘기는 심보라면 무인지경에서 사람도 찍을 것이 뻔한 먹도둑놈 같은 인간이었다. 나도 같이 낫을 들었다면 죽기를 각오하고 대들었을 것이지만, 갈고리 막대로 낫을 상대할 용기가 나지 않아 줄행랑을 쳤는데, 그해 봄이 다 가도록 두고두고 약이 올라 생각 날 때마다 욕을 퍼부었다.

그 뒤부터 나도 두릅을 꺾으러 갈 때는 꼭 낫을 들고 다니게 되었는데, 낫을 참으로 요긴하게 써먹은 적이 있었다. 산나물을 하러 산을 타다보면 산짐승 잡는 올무를 엄청나게 많이 보고, 올무에 발이 걸려 넘어지기도 한두 번이 아니다. 우리 일행은 올무를 보는 족족 풀어 내던지곤 하는데, 올무에 걸려 죽은 산토끼며 너구리가 심심찮게 눈에 띈다. 물론 썩어서 털과 뼈만 남았지만, 노루와 멧돼지가 걸려 죽은 것도 보았다.

50~60년대만 해도 겨울이면 농촌에서는 올무를 놓아 산토끼를 잡아먹었다. 그러나 정월이 지나면 자기가 놓은 올무는 모두 거두어들여 애매하게 죽은 산짐승을 볼 수 없었다. 정월이 지나 일철이 되면 바빠서 산에 오를 수도 없을뿐더러 번식기의 산짐승을 보호한다는 생각으로 내남없이 보이는 대로 올무를 거두었던 것이다. 한데 지금 인간들은 양심은 물론 인정머리도 씨알머리 없이 메말라버렸는지 산마다 사시사철 올무가 널려 있다.

작년 봄이었다. 그날도 일행 셋과 가평 어느 산으로 두릅을 꺾으러 갔는데, 처음 간 그 산에는 유별나게 올무가 많았다. 일단 산에 오르면 일행은 제각각 흩어지기 마련이다. 그런데 건너산 중턱에서 일행 하나가 숨넘어가도록 나를 부르는 것이었다. 전에 없던 이상한 짓이어서 무슨 사고라도 난 것인가 덜컥 겁이 나서 대답을 했더니, 빨리 자기 쪽으로 오라고 아우성을 쳤다.

틀림없이 사고가 났구나 싶어 진동한동 뛰어 갔더니, 그 친구가 멀거니 서서 무엇인가를 들여다보고 있었다. 나는 우선 친구가 멀쩡한 것이 반가우면서도 십 분이 넘게 뜀박질을 하게 만든 행위가 괘씸해서 욕을 퍼부었다.

친구는 욕을 먹으면서도 입술에 손가락을 대고는 빨리 오라는 손짓만 다급하게 했다. 대체 뭔 일인가 싶어 가파른 산비탈을 허위단심 뛰어 올라갔더니 세상에, 친구의 저만치 앞에 멧돼지 한 마리가 벌러덩 나자빠져 있는 것이었다. 엄지손가락만큼이나 큰 엄니가 솟아난 엄청나게 큰 수놈이었는데, 올무가 목에 걸려 죽어 있었다.

멧돼지가 죽은 줄 번연히 알면서도 우리는 가까이 다가설 엄두가 나지 않았다. 나는 낫으로 기다란 몽둥이를 만들어 들고 다가가서 멧돼지 배를 툭툭 건드려 보고는 비로소 다가섰다. 가슴이 마구 뛰고 다리가 덜덜 떨릴 정도로 흥분하고 있었는데, 친구는 나보다 더 겁을 먹고는 내 엉덩이에 붙어서 그냥 와들와들 떨고만 있었다. 인간의 심리란 참 묘하다. 분명하게 죽은 산짐승 앞에서 두 사내가 그토록 떨어야 할 이유가 없으련만, 우리는 주체할 수 없는 흥분과 기대와 공포로 계속 떨어야 했다.

나는 마침내 용기를 내고는 죽은 멧돼지 앞에 무릎을 꿇고 앉아 낫 꽁무니로 뱃구레를 득득 긁어 보았다. 썩어서 창자가 뭉텅 쏟아질 줄 알았더니 뜻밖에도 뱃가죽이 탱탱했다. 내 등 뒤에서 들여다보던 친구가 몽둥이 끝으로 멧돼지 뱃구레를 쿡쿡 쑤셔도 외려 몽둥이가 펑펑 퉁겨지도록 뱃가죽이 싱싱했다.

멧돼지가 올무에 걸려 죽은 것은 안타까운 노릇이지만, 기왕 죽은 짐승이라면 썩지 않은 것이 천만 다행이었다. 멧돼지는 조금도 상하지 않고 생생했던 것이다.

일행 하나를 마저 불러 멧돼지를 검사해본 결과, 죽은 지 하루나 이틀쯤 되었다고 판단되었다. 멧돼지 사체는 굳지도 않았고, 사타구니에는 아직 온기가 남아 있었다. 멧돼지가 살아 있다면 어떻게든 살려야 하겠지만, 기왕 죽은 멧돼지를 썩게 버려 둘 수는 없었다. 일행 중 한사람이 짐승을 다루어 본 경험이 있다고 해서 내 낫을 주었다.

마침내 멧돼지 해체 작업이 시작되었다. 하지만 가죽이 워낙 두꺼워 낫으로는 쉽게 잘라지지 않았다. 억센 털 때문에 어차피 가죽은 먹을 수 없을 것 같아 가죽은 버리기로 작정했다. 그 사람은 땀을 뻘뻘 흘리면서도 제법 능숙하게 멧돼지 가죽을 벗기고는 각을 떴다. 멧돼지고기는 기가 질릴 만큼 엄청나게 많았다.

우리는 결국 차가 있는 지점까지 왕복 4km가 넘는 거리를 두 행보씩 하여 멧돼지고기를 운반하였다. 그 행위가 법에 걸리는지 어떤지는 모르지만, 먹기는 먹었어도 오래도록 뒷맛과 기분이 찜찜하기는 했었다.

두릅 채취기간도 불과 보름 남짓이다. 높은 산의 두릅은 5월 중순까지도 꺾을 수 있지만, 산나물 전문가가 아니면 올라가기도 힘들고 별로 많지도 않다. 큰산 나물을 하러가서 운이 좋으면 더러 꺾기도 하는데, 철지나 먹는 그 두릅 맛은 각별하다.

요즘 사람들은 초벌 두릅을 꺾어 먹고 움 두릅까지 모조리 꺾는다. 참으로 안타까운 몰지각한 행위다. 움 두릅을 꺾으면 그 나무는 1, 2년 안에 말라죽는다. 꽃을 피워 번식도 할 수 없고, 뿌리도 약해져서 뿌리 번식도 못하고 죽는 것이다. 이대로 간다면 두릅도 머잖아 귀한 나물이 될 것이 뻔하다.

우리 일행의 경우는 일행 두서넛만 알거나 혼자만 아는 두릅 밭 산나물 밭이 따로 있다. 산나물 산행을 자주 하다보면 자연스레 그러한 요령과 노하우가 축적되는 것이다. 송이버섯 밭을 자식한테도 안 알려 준다는 말을 나는 십분 이해한다.

우리가 해마다 따오는 두릅 밭은 서울에서 멀리 있는 깊은 산이다. 산길이 좀 멀고 험하기는 해도 한해 봄에 두서너 행보만 두릅산행을 하면 일 년 먹을 양은 확보할 수 있으니 더 이상 욕심부릴 이유가 없다.

두릅은 숙회熟鱠로 먹는 맛이 제일이다. 그러나 너무 익혀도 맛이 덜하고, 덜 익혀도 제 맛이 안 난다. 그 적당함이란 경험을 통해서만 터득할 수 있다. 두릅은 요령껏 데쳐야 하는데, 내가 터득한 요령이

정석일 것 같아 소개한다.

우선 두릅을 다듬는다. 보기 좋은 떡이 먹기도 좋다고, 꺾은 부분에 목질부木質部가 붙어 있을 수도 있는데, 다듬을 겸 칼로 도려내고, 밑동을 싸고 있는 비늘 껍질을 겉만 뜯어낸다. 껍질을 모두 벗겨내면 익으면서 향이 빠져나가 옹근 맛이 덜하다. 어린 두릅의 밑동에 붙은 연한 속껍질은 먹어도 되는데, 향이 외려 진하고 독특한 맛이 난다. 너무 진한 맛이 싫으면 데친 다음에 벗겨 내면 된다.

다듬은 두릅을 굵기대로 고른다. 굵고 가는 것, 연하고 쉰 것을 한꺼번에 넣고 데치면 대중을 할 수 없어 모두 맛을 버린다. 대충 서너 부류로 고르는데, 밑동을 가지런하게 정리해야 데치기 좋다.

모든 산나물이 그렇지만 특히 숙회로 먹을 두릅을 데칠 때는 끓는 물에 소금을 약간 넣어야 색깔도 새파랗고 맛도 훨씬 좋다. 두릅 순을 잡고 팔팔 끓는 물에 밑동부터 담근다. 굵은 밑동이 웬만큼 익었다고 생각되면 순까지 담가 데친다. 적당하게 익었다고 여겨질 때 찬물에 건져 넣는다.

모든 나물이 다 그렇지만, 특히 두릅은 찬물을 넉넉히 부어 한 번만 헹구는데 그것도 빨리 건지는 것이 좋다. 깔끔 떤다고 여러 번 헹구면 향과 맛은 물론 좋다는 약효까지 모두 씻어내는 꼴이다.

두릅은 싸느랗게 식었을 때보다는 한번 헹구어 내서 약간 뜨뜻한 기운이 있을 때 초고추장에 찍어 먹으면, 죽었던 부모가 살아와도 모를 만큼 그 맛에 푹 빠져 정신을 못 차린다. 껍질이 붙은 삼겹살이나, 돼지 목살을 두툼하게 썰어 노랗게 구워 두릅을 휘감아 먹으면 세상에 부러울 게 없다. 고대광실에 고관대작인들 부러우며 만석꾼인들 부러울까. 나물 먹고 물마시고, 팔베개하고 하늘을 보면, 세상만사가 내 것인 것을…….

조선 선조대왕 때의 명필가 석봉石蜂 한호韓濩선생이 읊은 시조 한 수가 생각난다. 잡된 세상사에 얽매이지 않고 자연을 벗 삼아 살아가는 노옹老翁의 정취가 그대로 와 닿는 명귀라서 소개한다.

짚방석 내지 마라 낙엽엔들 못 앉으랴
솔불 켜지 마라 어제 진 달 돋아온다.
아희야 탁주 산채山菜나마 없다 말고 내어라.

두릅 산적, 두릅 튀김도 해먹어 보았지만, 번거롭기만 하고 맛이 덜하다. 두릅의 독특한 향을 싫어하는 아이들이라면 튀김옷을 입혀 튀겨 주면 잘 먹지만 어른들 입맛은 아닐 것이다. 요즈음은 한겨울에도 큰 식당이나 뷔페에 가면 새파란 두릅이 나온다. 어떻게 저장을 했는지 모르지만 쓰기만 하고 맛이 별로 없다.

나는 두릅을 얼러서 보관한다. 생 두릅은 오래 두고 먹을 수 없기 때문에 넉넉하게 꺾어 왔다면 데쳐서 냉동실에 얼린다. 얼린 나물은 약간 질겨지기 때문에 쉰 것은 즉시 먹고, 연하고 실한 것만 골라 데쳐서 물기를 흐르지 않을 만큼만 제거하고, 한번 먹을 만큼씩 위생봉지에 넣어 얼린다.

얼린 두릅을 푸른 야채가 귀한 한겨울에 한 봉지씩 꺼내 먹으면 별식이 따로 없다. 꽁꽁 언 냉동 나물은 전자레인지에 해동을 하거나 냉동실에서 꺼내 저절로 녹게 하여 먹는 것이 좋다. 녹인 두릅은 물에 헹구지 않고 그냥 물기만 짜서 초장에 찍어 먹는다. 씹히는 감촉도 그렇고 맛도 비록 제철에 비길 수는 없지만 그런 대로 두릅 맛을 즐길 수 있다. 두릅을 먹기는 먹으면서도 제철의 향기와 맛이 새삼 생각나고, 다가오는 새 봄이 간절하게 기다려진다. 가는 세월을 아까워해야 할 것이로되, 무언가에 기대를 걸고 오는 세월이 기다려지는 것도 삶의 즐거움이 아닐까.

두릅 장아찌 담는 법: 요즈음은 두릅을 재배도 많이 해서 제철이면 많은 량을 구입할 수도 있다. 두릅은 산에서 재배하기 때문에 맛과 향도 자연산과 별 차이가 없다. 제철에 싱싱한 두릅을 장기간 저장하는 방법으로 두릅 장아찌를 담아두면 일 년 내내 두고 먹을 수 있다.

장아찌 담을 두릅은 한 뼘 이내의 것들이 적당하다. 두릅을 손질하여 밑동에 열십자로 칼집을 낸 다음 끓는 물에 밑동부터 넣으며 살짝 데쳐 한번만 헹구어 식힌 다음 알맞은 용기에 차곡차곡 눌러 담는다. 너무 익히면 물러지므로 살짝 데치는 것이 중요하다.

두릅의 양에 따라 간장에 물을 타서 간을 맞추고, 양파와 마늘, 국물용 멸치를 적당하게 넣고 끓인다. 끓인 간장을 식힌 다음, 식초와 매실 액을 조금 넣고 두릅을 담은 용기에 부어 밀폐하여 서늘한 곳에 이틀 쯤 두었다가 간장을 따라내어 다시 끓여 식힌 다음 부어준다. 하루나 이틀 쯤 두었다가 김치냉장고나 냉장실에 보관한다. 한 달쯤 숙성을 시킨 다음 먹을 수 있는데, 두서너 달 지나면 맛이 더 깊어진다.

두릅의 성분과 효능

두릅은 사람이 먹을 수 있는 식물 중에 단백질 함량이 가장 많이 함유된 식품으로 알려져 있다. 데친 두릅이 변질되기 시작하면 미끈

미끈해지며 밤꽃 비슷한 냄새가 나는데, 이것은 곧 남성 호르몬 냄새와 유사하다.

두릅의 성분은 단백질이 많고 지방, 당질, 섬유질, 인, 칼슘, 철분, 타닌산, 비타민C, B1, B2가 다량 함유되었고, 인삼에 들어있는 사포닌이 다량 함유되어 혈당을 내리고 혈중 지질을 낮추어 주므로 당뇨병, 관절염, 위장병, 신경쇠약, 변비에 좋다고 한다.

특히 두릅나무에 많이 함유되어 있는 비타민C 성분은 암을 유발하는 물질인 니트로사민을 억제시켜주기 때문에 우리 몸의 각종 암을 예방하며, 혈관계 질환을 예방하고 치료하는데 효과적이다. 또한 혈관의 노폐물 중 유해 콜레스테롤을 녹여서 배설해 주는 효능이 있어 고혈압과 동맥경화증에 탁월한 효능이 있다

또한 두릅에는 신경 세포를 강화시켜주는 효능이 있어 몸이 쑤시는 신경통에 좋으며, 신경을 안정시켜 스트레스 해소에 도움을 준다. 두릅은 싹, 줄기, 나무껍질, 뿌리까지 모두 혈당강하작용을 하지만 특히 뿌리와 줄기의 약효가 뛰어나고, 껍질은 총목피曾木皮라고 하여 풍을 제거하고 통증을 진정시키는 작용이 뛰어나 진통제 역할을 하기 때문에 관절염과 신경통에 효과적이다.

5. 엄나무순(개두릅)

엄나무순

엄나무도 두릅나뭇과에 딸린 나무지만 생김새는 사뭇 다르다. 두릅나무는 아무리 생육 조건이 좋아도 직경 20cm 이상 자란 것을 보지 못했다. 그러나 엄나무는 높이가 20m 이상 자라고, 해발 1,000m 이상의 높은 산에서는 아름드리 엄나무를 더러 볼 수 있다. 엄나무는 나뭇결이 아름다워 옛날에는 장롱을 짰는데, 엄나무 장롱이 최고급품이었다고 한다.

어린 엄나무는 가시가 많다. 어린 나무는 손가락 마디보다 더 긴 가시가 빼곡하게 나있어 보기에도 무섭다. 옛날에는 집집마다 대문 중방에 가시가 앙크런 엄나무 가지를 매달아 두었는데, 잡귀를 쫓는 방법이었다. 엄나무를 한자로는 자동刺桐이라고 한다. 자刺 자는 찌를 자刺로 읽고, 칼로 찌를 척刺자로도 쓰기 때문에 잡귀를 막는 액막이로 써먹을 것이다.

엄나무 껍질은 한약제로 쓰는데, 특히 오십견에 잘 듣는다고 한다. 또한 엄나무 껍질을 닭백숙에 넣어 옻닭처럼 엄나무 닭백숙을 해먹는다. 엄나무 순을 시골 사람들은 개두릅이라고 한다. 높은 산에 있는 엄나무는 너무 높아 순을 딸 수 없다. 흔한 나무는 아니지만 깊은 산골에는 야산에서도 더러 눈에 띄는데, 두릅만이야 못하지만 나무순 치고는 보기에도 탐스럽다.

씨가 떨어져 자생하는 어린 나무나, 베어낸 밑동에서 움이 나서 자라는 어린 엄나무의 순을 꺾는다. 엄나무순을 꺾자면 손가락을 몇 번은 찔릴 각오를 해야 한다. 그런데 묘한 것이, 다른 가시에 비해 엄나무 가시에 찔리면 몹시 아리고 통증이 오래간다. 함부로 대들지 말라는 경고일 것이고, 귀한 나무이니 보호하라는 대자연의 섭리일 것이라고 생각하면, 엄나무순을 함부로 꺾을 수 없다.

엄나무순은 특별한 맛은 없고, 약간 아린 듯하면서도 쌉싸름한 맛이 독특하다. 멋모르고 처음 먹는 사람들은 고개를 젓기 마련이다. 두릅이 한창일 때 엄나무 순도 피기 시작하는데, 두릅을 꺾다 가끔 눈에 띄면 꺾어다 먹기는 하지만 기를 쓰고 찾을 필요는 없고, 그래서도 안 된다.

산을 타다보면 아름드리 엄나무가 처참하게 나자빠진 것을 가끔 볼 수 있다. 엄나무는 마디게 자라는 귀한 나무다. 백 년도 넘었을 나무를 순 몇 줌 꺾자고 마구잡이로 베어 넘기는 인간들 심보를 이해할 수 없다.

삼십여 년 산을 타다보니 웃지 못할 에피소드가 많지만, 산행에 대한 경각심을 일깨울 겸 참고삼아 한 가지만 소개한다. 97년 봄이었다. 일행 셋이 화악산 산행을 했는데, 화천 사창리 쪽에서 올라가 계곡 도로 가에 차를 대놓고 산행을 시작했다. 나물산행은 일단 차에서 내리면 제각각 흩어지게 마련이어서 오후 두 시에 내려오기로 약속을 하고 산행을 시작한 것이다.

나는 보아둔 나물 밭이 있으므로 곧장 찾아 올라가서 곰취와 참취를 뜯고는, 한두 능선과 계곡을 오르내리며 별로 힘 안들이고 배낭을 채웠다. 나물이 있어도 더 뜯을 수 없으므로 하산을 했는데, 차가 있는 곳에 내려와 보니 역시 내가 제일 먼저였고 시간은 한 시였다. 나는 개울물에 들어가 목욕을 하고는 너럭바위에 누워 있다가 어느새 잠이 들었는데, 깨어나 시계를 보니 세 시였다.

일행들이 왔다면 으레 개울에 내려와서 목욕을 했을 터인데 이상하다 싶어 올라갔더니 역시 아직 오지 않았다. 배가 몹시 고팠지만, 먹을 게 모두 차안에 있으니 참을 수밖에 없는 노릇이었다. 한 시간쯤 늦은 경우는 허다해서 기다리기는 하지만, 인적 없는 산에서 혼자 무료하게 시간을 죽여야 한다는 것은 세상에 더 없는 곤욕이다.

그들이 올라간 골짜기만 하릴없이 쳐다보며 두 시간을 더 기다려 마침내 다섯 시가 되었다. 다섯 시가 넘어 오 분 십 분이 지나면서부터 나는 서서히 걱정이 되기 시작했다. 걱정이 되기 시작하자 온갖 불길한 생각과 섬뜩한 예감이 드는데, 마침내 여섯 시가 가까워지자 머리를 쥐어뜯으며 팔짝팔짝 뛰고 싶을 지경이었다. 정해진 시간에서 네 시간이나 지났으니, 무슨 사고가 난 것이 틀림없는 상황이었다.

그들 두 사람도 산행 경력이 나와 비슷하다. 게다가 화악산은 한 해 두서너 번씩 타던 산이라 능선과 계곡을 손바닥 보듯이 알고 있는 사람들이었다. 길을 잃었을 리는 없고, 사고가 나지 않았다면 이렇게 늦을 수 없는 노릇이었다. 일행 중 한 사람이 핸드폰이 있지만, 그때만 해도 높은 산에서는 핸드폰이 터지지 않을 뿐더러 내게는 그것마저 없으니 속수무책이었다.

나는 배가 고프다 못해 속이 쓰리다가 그마저 감각도 없고 그저 이래저래 환장할 노릇이었다. 그 넓은 산을 혼자 뒤질 수도 없고, 배가 고프고 다리가 떨려 걸을 수도 없을 지경이었다. 둘 중에 누구 하나만 사고를 당했다면, 한 사람은 진작 내려와 내게 알렸을 것이었다. 두 사람 모두 움직일 수 없는 사고를 당한 것이 틀림없는 상황이었다.

그예 여섯 시도 넘었고, 계곡에 어슴푸레 음영이 드리우기 시작했다. 나는 마침내 마을에 내려가기로 결심했다. 마을까지는 30분 넘게 걸어야 갈 수 있는 거리였지만, 더 어두워지기 전에 조난 신고를 해야 한다는 생각만 앞서는 것이었다.

나는 거의 뛰다시피 마을에 도착해서 도로 가의 첫 집에 무작정 뛰어 들어가 사정 얘기를 하고는 전화를 좀 쓰자고 했다. 이미 일곱 시가 넘어 어둠이 깔리고 있었다. 우선 친구의 핸드폰에 전화를 걸었지만, 귀신 씨나락 까먹는 소리만 들릴 뿐 불통이었다. 두 사람의 집에 전화를 걸어 혹시 연락이 있었나 물었는데, 역시 있을 턱이 없고 식구들 걱정만 만들어 놓고 말았다.

당한 사람은 당했더라도 산 사람은 우선 살아야 했으므로 나는 찬밥이라도 좋으니 달라고 청해서 정말 싸느랗게 식은 찬밥이나마 요기를 하고는 사십대 초반인 주인과 의논을 했다. 나는 마을 사람들을 동원해서 수색을 해보자고 했더니, 주인은 사람도 없을뿐더러 나서지도 않을 것이라며 화천 경찰서에 조난 신고를 하라고 말했다.

나는 속이 찜찜했지만 다른 방법이 없으므로 조난 신고를 했다. 전화를 받은 경찰은 그 넓은 화악산을 어디서부터 어떻게 수색을 하겠냐고 노골적으로 불쾌해하며 신고를 접수했다. 신고를 끝내고는 너무 허탈해서 밖으로 나왔다. 밖은 이미 빼옥한 어둠이 내려앉았고, 산골짜기의 밤은 무덤 속처럼 적막했다.

길가의 돌 위에 걸터앉으니 온갖 생각들이 머릿속을 헤집었다. 엄청난 사고를 당한 것이 틀림없는데, 그들의 가족들을 앞으로 어떻게 대할 것이며, 내 산행도 이제 오늘로서 끝이로구나 생각하니 울컥 서러움이 북받쳐 눈물이 쏟아지기 시작했다.

그때였다. 저만큼 아래서 자동차 소리가 들리고 라이트 불빛이 계곡 쪽으로 가까워지고 있었다. 그 시간에 화천에서 벌써 구조대가 왔을 리는 없고, 밤중에 산에 올라갈 사람도 없을 터였다.

멍하니 서있던 나는 차를 향해 마주 달렸다. 내려 뛰는 나를 보았는지, 차에서 경적이 요란하게 울렸다. 내가 길가에 비켜서자 차가 멎고 사람이 내렸는데 세상에, 그 빌어먹을 놈들이었다. 나는 친구의 복장을 사정없이 쥐지르고는 택시 안을 들여다보았더니, 나머지 한 녀석도 비죽이 웃으며 내다보았다.

나는 우선 그 집에 다시 들어가 경찰서에 전화를 걸어 조난신고를 취소하고, 일행과 함께 택시를 타고 차 있는 곳으로 올라갔다. 기사는 요금을 7만 원이나 받고 돌아갔는데, 시간은 여덟 시 반이었다.

그 친구들 후일담인즉슨 이렇다. 어쩌다 능선을 잘못 탔는데, 다시 올라가자니 힘들 것 같아서 옆의 능선을 타고 가다보니 점점 엉뚱해지고 그에 방향감각을 잃게 되더라고 했다. 깊은 산에서 방향감각을 잃게 되면 점점 당황하게 되고, 당황해서 헤매게 되면 여기가 거기 같고 저기가 거기 같기도 하여 한없이 헤매게 마련이다.

그러나 그들은 산행 경험이 많으므로 될 수 있는 한 화천 쪽으로 붙으려고 헤매다가 배도 고프고 기진해서 일단 마을로 내려가기로 작정하고 하산을 했다. 어디로 내려가든 한국 땅인데 설마 죽기야 하랴싶어 무작정 걸었는데, 가도가도 끝이 없는 계곡이더라고 했다. 땅거미가 질 무렵에 어느 마을에 당도하여 물으니 경기도 가평 적목리라고 하더라나 뭐라나. 완전히 북에서 남으로 내려간 결과였다. 그 뒤부터 두 사람은 산에만 오르면 목이 터져라고 꿱꿱 일행을 불러대는 버릇이 생겼다.

엄나무순 장아찌 담는 법: 엄나무도 요즈음은 재배를 많이 해서 손쉽게 살 수도 있다. 제철에 나는 엄나무순을 구해서 장아찌를 담아두면 오래 두고 별난 맛을 즐길 수 있다.

엄나무순은 데치지 않고 생으로 담기 때문에 깨끗이 씻어 채반에 담아 물기를 뺀다. 간장에 물을 타서 간을 맞추고 양파와 마늘을 적당량 넣어 끓인다. 간장을 끓이는 이유는 간장냄새를 제거하기 위함이다. 끓인 간장을 식혀두고, 엄나무순을 알맞은 용기에 늘러 담는다. 끓인 간장에 식초와 매실 청을 알맞게 섞어 용기에 부어준다. 하룻밤 지나면 숨이 죽어 줄어드는데, 간장을 따라 다시 끓여 식힌다. 엄나무순이 숨이 죽었으므로 알맞은 요기에 담아 식힌 간장을 부어 냉장고에 보관한다. 한 달 정도 지나 맛이 드는데, 아삭아삭 씹히는 엄나무순의 쌉싸래한 맛과 향이 환상적이다. 입맛이 없을 때 밥에 덮어 먹거나, 밥을 물에 말아 반찬으로 먹으면 담백하면서도 깊은 맛에 입맛이 돌아온다.

엄나무의 성분과 효능

엄나무

봄에 솟아나는 나무의 순은 나무 전체의 영양분이 집성되어 힘차게 솟아난다. 그러므로 나무순을 나물이나 약재로 쓸 경우 순이 막 터져 나와 자라기 시작하여 잎이 활짝 펴지기 전이 채취의 적기가 된다. 특히 두릅이나 엄나무순이 그러한데, 잎이 지는 가을부터 축적된 나무의 영양분이 모두 새순이 집약되었기 때문에 그 효능이 탁월하다.

엄나무순에는 각종 비타민과 사포닌, 항산화물질, 무기질, 항암, 항균 성분들이 다량 함유되어 있다. 동의보감에는 엄나무 껍질을 해동피海桐皮라고 하는데, 허리나 다리가 절리고 바람이 이는데 쓴다고 하였다. 또한 한방에서는 당뇨병, 암 예방과 치료, 두통, 어지럼증, 감기, 신경통, 관절염, 정신질환에 효과적이라고 한다. 만성 간염

과 간경화 초기에도 엄나무 껍질을 차로 달여 마시면 효과적이라고
한다.

또한 오십견에도 해동피를 차로 달여 수시로 마시면 효과를 본다
고 했는데 나도 한때 어깨가 결리고 아파 해동피를 달여 먹어본 적
이 있다. 맛은 구수하여 마치 녹차 맛이 나면서도 독특한 향이 있어
질리지 않고 마실 수 있었다. 그래서 인지 어깨 통증이 사라졌는데,
제철에 나오는 엄나무순도 같은 약효가 있을 것이므로 자주 먹으면
그게 바로 보약이다.

6. 금낭화(錦囊花: 며느리취)

양귀비꽃과에 딸린 금낭화는 다년생이다. 꽃이 비단주머니처럼
곱고 예뻐서 꽃 모양 그대로 이름이 붙었다. 금낭화는 며느리 밥풀
꽃이라고도 하고, 며느리취라고 부르기도 한다. 며느리밥풀꽃은 줄
기 수내기에 등나무꽃 같은 연분홍 꽃이 긴 타래를 이루며 주저리주
저리 피는데, 연분홍 입술연지 빛깔의 꽃이 가냘프면서도 흐드러지
게 아름답다. <며느리밥풀꽃>이라는 이름에는 애절한 전설이 있
다. 꽃 모양이 마치 앵두 같은 입술에 하얀 밥풀이 물린 형국이어서
그런 이름과 전설이 전해질 것이다.

옛날 어느 마을에 며느리를 몹시 구박하는 시어미가 있었는데, 며
느리가 먹는 밥이 아까워 허구한 날 누룽지와 먹다 남은 밥찌꺼기만
주었다고 한다. 밥에 포원이 진 며느리가 어느 날 부엌에서 식은 밥
덩이를 집어먹다가 시어미에게 들켰다.

입에 밥풀을 물고 놀라 어쩔 줄 모르는 며느리를 시어미가 부지깽

금낭화

이로 후려갈겼다. 찬밥덩이가 목에 갈린 며느리는 입술에 밥풀을 문 채 죽었는데, 시어미는 죽은 며느리도 미워서 돌서덜에 묻었다.

이듬해 며느리의 무덤가 돌 틈에서 이름 모를 풀이 돋아나더니, 밥풀을 입술에 문 모양의 꽃이 피기 시작했다는 것이다.

죽어서 돌서덜에 묻힌 며느리처럼 며느리밥풀꽃은 지금도 깊은 산골짜기 돌서덜 밭에 자생하는데, 꽃이 전설처럼 애처롭도록 아름답다. 여느 풀들이 겨우 뾰족이 고개를 내밀 때, 며느리취는 그 척박한 돌 틈에서도 혹한을 이기고 벌써 흐드러지게 자라 꽃망울을 맺고 있다. 싹이 돋아 자라면서 동시에 꽃망울이 앉는 이상한 식물이다.

금낭화의 뿌리도 약제로 쓰는데, 산에서 넘어지거나 상처를 입었을 때, 잎과 줄기를 뜯어 즙액을 내어 바르면 통증이 멎고 소독이 되어 덧나지 않는다고 하여 이용해본 적이 있었다. 과연 약효가 있었는지 모르겠으나, 별 탈 없이 금방 낫기는 했었다. 악성종기에도 잘 듣는다지만, 나는 써보지 않았다.

며느리취는 한 뿌리에서 대여섯 대궁씩 무리 지어 자라고, 굵기는 손가락만큼씩 하지만 대궁 속이 비었다. 4월 말경 30cm쯤 자라서 꽃이 피기 시작할 때가 채취의 적기다. 마른 개울가의 돌자갈밭에 주로 자생하지만, 양지쪽 흙살이 좋은 완만한 경사면에서도 더러 볼 수 있다. 주로 군락을 이루는 데다, 나물이 워낙 실해서 금방 한 배낭을 채울 수 있다.

며느리취는 데쳐서 금방 먹어도 독성이 없다. 초장에 새콤달콤하게 무치거나, 된장에 무쳐도 맛이 좋다. 살짝 데쳐 쌈을 싸먹으면 쌉쌀하면서도 달짝지근한 맛이 입맛을 돋운다. 며느리취는 맘먹고 뜯으면 제법 많은 양을 뜯을 수 있기 때문에 주로 묵나물로 말린다. 며느리취 묵나물 맛을 아는 시골 사람들은 한해 두서너 행보씩 뜯어다 데쳐 말린다.

며느리취 묵나물도 얼레지처럼 부드러운데, 맛이 더 좋다고 하는 사람도 있다. 마른 묵나물을 다시 삶아서 들깨가루를 넣고 무치거나, 들기름에 볶으면 입에서 씹히는 마닐마닐한 감촉과 구수한 맛이 그만이다. 산나물 맛이 구수하다면 이상하겠지만, 며느리취 묵나물 맛은 그렇게 밖에는 달리 표현 할 수 없다.

며느리취는 다년생이기 때문에 해마다 그 자리에 가면 뜯을 수 있다. 혼자만 알고 있는 산나물 밭을 알려달라고 조르는 사람처럼 미운 사람도 없을 것이다. 차리리 뜯어온 나물은 나누어 먹어도 나물 밭은 알려주지 않는 것이 요즈음 시골 사람들 인심이다. 산나물이 곧 돈이 되기 때문일 것이다.

금낭화의 성분과 효능

금낭화에는 알칼로이드라는 성분이 있다. 알칼로이드의 주성분은 프로토핀과 디쎈트린이다. '디쎈트린' 이라는 물질은 마취작용이 있어서 온혈동물에게 주사하면 안티피린보다 2배나 강한 해열작용이 있다. '프로토핀' 역시 마취 성분이 있어 신경계통의 흥분성을 낮추고, 지각신경을 국소 마취시켜 아픈 느낌을 둔하게 하거나 느끼지 못하게 한다.

금낭화의 약효는 중풍을 예방하고, 체내의 염증과 독소를 제거하며 혈액을 맑게 한다. 민간요법으로는 말린 뿌리와 줄기를 달여 위통과 진정진통약으로 쓴다.

7. 영아자

영아자

영아자는 초롱꽃과의 다년생 식물이다. 우리나라 중부지방 깊은 산 토질이 좋은 곳, 습한 지역에 주로 자생한다. 싹은 나물로 식용하고, 뿌리는 한방에서 안열, 서식, 보익에 쓰인다.

영아자는 이름도 예쁘지만 맛도 예쁘다. 우리 식구들은 나를 빼고는 모두 여잔데, 넷이나 되는 여자들이 하나같이 제일 맛있다고 하는 산나물이 바로 영아자다. 영아자를 재배도 한다지만 아직은 흔하지 않다. 재배건 야생이건 간에 시중에서 살 수 없는 산나물이다.

영아자를 우리 고향에서는 미나리싹이라고 한다. '미나리싹'이라는 식물은 사전에도 없고 식물도감에도 없다. 미나릿과도 아니고 미나리와 비슷하지도 않고, 맛도 미나리와는 영판 다른데, 왜 미나리

싹이라고 하는지 알 수가 없어 고민을 했다. 아무리 생각해도 틀림 없이 본명이 있을 것 같아 두루두루 찾아보니 아니나 다르랴, 영아 자라는 예쁜 이름이 따로 있었다.

영아자도 비록 띄엄띄엄하지만 군락을 이룬다. 나기는 외대로 나 지만 총총하게 대여섯 또는 여남은 대궁씩 소복소복 탐스럽게 자란 다. 다년생이라 나는 자리에만 늘 나지만, 해마다 꺾으면 실하지 않 다. 해 거리를 해주는 것이 매년 뜯는 것보다 수확이 좋다. 시골 토박 이가 아닌 어중이떠중이 나물꾼은 영아자를 모른다. 그래서 아직 내 눈에 흔하게 띄는 지도 모르겠다.

넓은 군락지를 이루지는 않지만, 한자리에서 여남은 모숨(엄지와 장 지가 맞닿을 만큼의 분량)씩 꺾을 수도 있다. 꺾는다고 말하면 좀 이상하 지만, 쑥갓처럼 순을 자르기 때문에 꺾는다는 말이 맞을 것이다. 영 아자는 실한 것이라야 대충 굵기가 나무젓가락만 하고, 보통 쇠젓가 락 정도 굵기인데, 한 뼘 정도 자랐을 때가 연하고 맛이 좋다. 잎 모 양은 똑같지만 대궁이 붉은 것도 있는데, 파란 것보다 맛이 더 진하 다.

영아자는 산비탈보다는 골짜기 축축한 땅에 주로 자생한다. 어느 산에서나 볼 수는 있지만 흔한 나물은 아니다. 두릅이 한창일 무렵 인 4월 말경부터 먹을 수 있지만 너무 어리고, 5월 초순경부터가 알 맞은 시기다. 영아자도 민들레나 고들빼기처럼 꺾으면 하얀 즙액이 나오는데 맛은 별로 쓰지 않다.

흰 즙액이 나오는 나물은 거의가 맛이 쓴데, 영아자와 모싯대라는 나물은 예외다. 양귀비도 상추도 하얀 즙액이 나온다. 양귀비의 흰 즙액이 굳으면 검게 변하는데, 그게 아편이다. 노지에서 재배한 상추 맛도 쌉쌀하고, 상추쌈을 많이 먹으면 졸린다. 그렇다면 식물의 흰 즙액에는 마취성분이 있는 지도 모르겠다.

영아자를 꺾는 즉시 씹어 먹으면 쌉싸름하면서도 달착지근한 향기가 입안에 가득하다. 심한 갈증이 날 때, 몇 대궁 씹어 먹으면 갈증을 면한다. 영아자 맛은 간결하고 우아하다. 떫거나 신맛이 전혀 없고, 연하면서도 사근사근 씹히는 감촉과 달근삽삽한 맛이 이름처럼 예쁘기도 하다. 맛이 예쁘다면 이상하게 들릴지 모르지만, 영아자 맛은 그저 우아하고 예쁘다.

영아자는 생것으로만 먹는다. 상추를 익혀 먹지 않는 것과 같이 이해하면 된다. 참 그리고 보니, 영아자 맛이 상추 맛과 엇비슷한 것도 같다. 가만……, 그렇다! 노지 상추 맛보다 대여섯 곱절쯤 더 진한 맛과 향이라고 하면 거의 맞는 말이라고 생각된다.

영아자를 보관할 때는 꺾은 밑 부분을 가지런하게 간추려서 물에 한두 시간 담갔다가 위생봉지에 넣고, 검은 비닐봉지에 다시 넣어 냉장실에 세워서 보관한다. 영아자는 워낙 연하기 때문에 금방 시들지만, 물에 담가두면 싱싱하게 되살아난다. 열흘 정도는 두고 먹을 수 있으나 날이 갈수록 맛이 떨어진다.

영아자의 성분

잎과 줄기에서 비타민C 함유량이 많고 각종 미네랄 성분을 갖고 있다. 특히 철분, 칼슘 성분이 풍부하다.

8. 개미취와 각시취

개미취 꽃

개미취는 어거싯과의 다년생 식물이다. 개미취를 탱알이라고도 하고 한자로는 반혼초返魂草라고 한다. 말린 뿌리를 한방에서는 자완紫菀이라 하여 기침과 담에 쓴다고 한다. 개미취를 한자로 반혼초라고 하는 것이 참 이상하다. 반혼返魂이라는 뜻은 죽은 사람을 장례 치르고 혼을 집에 불러들이는 것을 말한다. 장례를 치른 날 혼을 불러들여 집에서 지내는 제사를 반혼제返魂祭라 한다.

그런데, 어째서 친숙한 이름인 개미취를 한자로 반혼초라고 하는지 모르겠다. 며느리취와 마찬가지로 무슨 유래가 있을 법하지만 구태여 알 필요는 없겠고, 암튼 개미취도 오래 전부터 나물로 먹어왔던 것임에는 틀림없다는 증거일 것이다.

지구상에 개미가 많듯이 그만큼 흔해서 개미취라는 이름이 붙었는지 모르지만, 대궁이 붉은 좀개미취와 각시취 등 거의 비슷한 모양이 많다. 흔한 나물 중의 하나지만 맛은 썩 괜찮다. 개미취 역시 다년생으로 한 뿌리에 대여섯 또는 여남은 대궁씩 소복하게 자라는데, 잎은 버드나무 잎처럼 생겼다.

대궁은 나무젓가락 굵기만 한데, 한 뼘 정도 자랐을 때 절반 정도의 높이에서 꺾어야 연하고 맛이 좋다. 깊은 산보다는 야산에 더 많고, 살이 좋은 완만한 경사면의 반 음지에 주로 자생한다. 지금은 재배도 많이 하는 산나물인데, 이른 봄에 시중에서 흔히 볼 수 있다.

개미취는 날로 먹을 수 없고 데쳐서 나물로 먹는다. 여러 가지 산나물을 섞어 된장이나 초고추장에 무쳐 먹으면 맛이 더 좋다. 개미취나 서덜취가 날 즈음이면 먹을 수 있는 여러 가지 산나물도 나기 시작한다. 미역취도 흔하고 으아리, 각시취도 뜯을 수 있다. 개미취가 한창일 때 산을 타다보면 먹는 나물이 심심찮게 눈에 띄지만, 모르는 사람은 아는 나물만 뜯는 것이 좋다.

내 경험에 의하면 풀 대궁이 곧게 자라고, 잎이 지그재그로 어긋나게 나는 풀은 거의 독성이 없다. 먹는 나물 거의가 잎이 어긋나게 난다. 대체로 꽃대가 올라오는 풀의 잎은 세 가지의 형태로 난다. 사람의 어깨처럼 마주나는 것도 있고, 대칭으로 어긋나고, 돌나물이나 나릿과의 식물처럼 줄기에 돌아가며 잎이 난다. 이른 봄철의 풀은 아무 풀이나 연한 것이면 다섯 가지만 섞으면 독성이 중화된다고 하지만, 먹는 나물도 지천인데 구태여 모르는 풀을 먹을 필요는 없을 것이다.

서덜취도 개미취와 같은 시기인 5월 초순부터 나지만 생김새는 매우 다르다. 자라는 모양은 비슷하지만, 잎도 개미취보다 크고 잎 가상으로 돌아가며 날카로운 톱니 모양이 있다. 산자락보다는 습한 계곡이나 돌서덜지역에 흔하다. 개미취와 마찬가지로 생육이 왕성하기 때문에 해 거리를 할 필요는 없다.

네댓 시간만 산을 타면 개미취와 서덜취를 비롯해서 각시취 으아리, 미역취, 쉰 두릅 순을 제법 뜯을 수 있다. 미역취는 양지쪽 풀숲에 주로 자생하는데, 미역줄기처럼 잎이 넓고 길쭉하다. 잎이 퍼지면 쇠게 때문에 어린잎을 뜯는다. 이때쯤은 양지쪽 두릅은 이미 쇠었지만, 응달 것의 가운데 연한부분을 꺾어 산나물과 함께 데쳐 먹으면 다른 나물까지 더불어 맛이 좋다.

개미취를 비롯한 잡나물은 데쳐도 분한이 별로 줄지 않고 오붓하다. 새콤달콤하니 무쳐도 좋고, 된장찌개를 끓여도 취나물 향과 함께 구수하니 맛있고, 된장에 무쳐도 맛이 그만이다. 된장은 항암 작용을 하고, 콩이 바로 정력제라는 것은 이미 널리 알려진 사실이다. 된장과 산나물을 곁들여 먹으면 더더욱 좋다는 것은 두말 할 필요도 없겠다.

사람에 따라 기호가 다르겠지만, 나는 마늘을 약간 넣고 들기름에 볶은 나물을 좋아한다. 들기름은 독성을 중화하는 작용을 하기 때문에 버섯이나 산나물을 무치거나 볶을 때 곁들이면 나물도 한결 부드러워지고 따라서 맛도 부드럽다.

데친 나물을 냉장실에 넣어두면 7, 8일간은 두고 먹을 수 있지만, 냉동실에 얼렸다가 한겨울에 먹으면 별난 맛을 즐길 수 있다. 얼린 나물은 약간 질겨지는데, 질긴 것이 싫으면 찜통에 쪄서 녹이면 연하다. 그러나 나물 향이 반감하고 색깔이 누렇게 변한다. 약간 질기더라도 색과 맛을 그대로 보려면 전자레인지에서 해동하거나 그냥 서서히 녹이는 것이 좋다.

개미취의 효능

개미취

　성분은 뿌리와 잎줄기에 쿠에르세틴, 아스테라사포닌, 정유, 플라보노이드, 결정사포닌 등이 함유되었다.

　개미취를 한방에서는 또는 자완紫菀이라 하고 뿌리를 탱알이라하여 토혈, 천식, 폐결핵성기침, 만성기관지염, 이뇨 등에 처방한다. 진해 거담 작용이 탁월하며 항균 작용이 있어 대장균, 이질균, 변형간균, 녹농균, 및 콜레라균에 억제 작용을 나타낸다. 소변불통에 유효하며, 오래된 해수천식과 가래가 피에 섞이는 증상을 치료한다.

9. 둥굴레

둥굴레 군생지

둥굴레는 나릿과의 다년생으로 각시둥굴레, 용둥굴레, 퉁둥굴레 등 네댓 종류가 있다. 싹은 한 뼘 정도 자라면서 가지를 치지 않고 옆으로 낫처럼 굽어지는데, 아카시아 잎 모양으로 납작하게 퍼지며 잎이 어긋맞게 난다. 잎 뒷면이 희읍스름하고 잘게 골이 진다. 용둥굴레와 퉁둥굴레가 가장 비슷하고 주로 많다.

둥굴레는 최근 몇 년 들어서 부쩍 유명해졌다. 둥굴레차를 트럭에 가득 싣고 골목마다 다니며 팔게 되었으니 말이다. 많은 사람들이 둥굴레차를 좋아해서 잘 알겠지만, 색도 진하고 맛도 숭늉처럼 구수하다. 둥굴레를 손쉽게 먹는 방법이 주로 달여서 차로 마시지만, 보릿고개 시절에는 훌륭한 구황식품이었다.

둥굴레를 한자로는 선인반仙人飯이라고 하는데, 한자의 뜻으로는 신선이 주식으로 먹었다는 뜻이다. 둥굴레 뿌리를 생약명으로는 지절地節, 여위女萎, 옥출玉朮이라고 하지만 식용으로 더 널리 알려진 구황 식물이었다.

나도 어릴 때 둥굴레를 쪄먹은 기억이 생생하다. 이른 봄에 뿌리를 캐다가 수염뿌리를 뜯어내고 껍질을 까서 밥솥에 찌면 쫀득쫀득하고 구수하니 맛도 구뜰하고, 훌륭한 대용식이 되었다. 꽁보리밥이나 깡조밥보다 더 맛있게 먹었던 기억이 새롭다.

대체로 점액질이 나오는 뿌리나 잎은 강정작용 성분이 있다고 말한다. 둥굴레 역시 생것일 때 껍질을 까면 산마처럼 끈적한 점액질이 있어 미끈미끈하다. 그래서 그런지 둥굴레가 옛부터 정신이 허한 사람한테 좋고, 피로회복에도 좋다고 노인들이 둥굴레를 캐러 다니곤 했었다.

둥굴레 뿌리는 캐기도 쉽다. 땅속 깊이 박혀있는 것이 아니라 한 뼘 정도의 깊이에 길쭉한 뿌리가 옆으로 뻗어 있다. 떼살이 지대를 만나면 한 군데서 2~3kg 쯤 캐는 건 일도 아니다. 싹은 봄에 먹지만, 뿌리는 싹이 돋기 전인 이른 봄이거나, 싹이 시들 무렵인 9월초부터 캐야 살지고 맛도 좋다.

약초든 뭐든 뿌리를 캘 때는 한자리에서 모조리 캐서는 안 된다. 싹이 실한 것은 뿌리도 실하게 마련인데, 실한 뿌리만 골라 적당하게 캐고 다른 지역으로 옮겨가야 한다. 먹을 만큼 캤으면 욕심을 부려서도 안 된다. 해 거리를 해가며 아껴 두면 세세연년 좋은 맛을 즐길 수 있을 것이다.

둥굴레 뿌리는 생으로 먹어도 달착지근하니 맛이 괜찮다. 산에서 조난을 당했을 때, 둥굴레 뿌리를 캐 먹으면 굶어 죽을 염려는 없을

것이다. 둥굴레 뿌리로 해먹을 수 있는 먹거리가 많다지만, 나는 쪄
먹는 것과 차로 달여 먹는 방법밖에 모른다. 둥굴레차를 만들기는
좀 번거롭다. 뿌리를 다듬어 겉껍질을 긁어내고, 꾸덕하게 마를 때
찜통에 찌거나 볶아 두어야 차 색깔이 짙고 맛도 더 구수하다.

　둥굴레 싹도 다른 나물보다 일찍 나오는 편인데, 4월 말경이나 5
월 초순이 적기다. 대체적으로 일찍 돋는 산나물이 맛도 좋고 영양
가도 높다고 한다. 둥굴레 싹은 뿌리에 비해 높게 자라지 않는데, 어
린 것 같아도 금방 꽃이 피기 때문에 꽃이 피기 전에 뜯어야 부드럽
고 맛도 좋다.

　둥굴레는 잎에 비해 뿌리가 실한 식물이기 때문에 된비알이나 자
갈밭에서는 자라지 못한다. 흙살이 좋은 엇비탈이나 계곡의 개울가,
마른 개울바닥이나 둔덕에 무리를 지어 자생한다. 볕바른 양지보다
는 응달지역에 많고, 축축한 습지대에 자생하는 싹은 특히 퍼들퍼들
하니 먹음직스럽게 실하다.

　둥굴레 싹을 경기도 북부나 강원도 북부 사람들은 지장나물이라
고 부른다. 날것으로는 먹지 않고 살짝 데쳐 먹는데, 색깔이 죽지 않
고 새파란 그대로여서 우선 시각적으로 보기도 좋다. 여러 가지 나
물을 섞지 말고 간장에 무치면 진한 맛이 그대로 살아 있다. 들기름
에 볶거나, 된장에 무쳐도 각각 다른 맛을 볼 수 있다. 짙은 향은 없
지만, 취나물과는 또 다른 쌉쌀한 맛이 독특하다. 얼렸다 먹어도 질
기지 않고, 된장찌개를 끓여도 별다른 맛이 난다.

둥굴레의 성분과 효능

　둥굴레의 성분은 뿌리에 콘발라마린과 강심배당체, 많은 점액질,

스테로이드배당체, 알칼
로이드, 아스파라긴 등
의 성분이 함유되었다.
둥굴레 뿌리 특유의 점
액질은 80%는 과당이고
나머지는 포도당이다.

잎에는 강심배당체와 아
스코르빈산, 카로틴이 함
유되었다.

둥굴레의 약리작용은
아직 정확히 알려지지

용둥굴레 꽃망울

않았으나 여러 가지 성분에 의한 물질대사의 촉진, 심장, 혈액을 맑
게 하는 기능이 있는 것으로 얼려져 있다. 한방에서는 병후쇠약, 전
신쇠약, 부인과 질병에 처방하며, 허약하여 입안이 마르고 땀이 나
며, 소변을 자주 보는 유정에 쓴다. 또한 해열제, 갈증해소에 쓰며 기
침가래약, 강심약으로도 쓴다. 또한 둥굴레는 혈당수치를 낮춰주어
당뇨병 예방과 치료에 도움을 주며, 둥굴레 성분은 중추신경계를 진
정시키고 피로를 풀어주어 숙면을 취할 수 있게 한다.

10. 죽대와 진황정

죽대를 한방에서는 황정黃精이라고 한다. 진황정과 같은 은방울꽃
과에 딸린 다년생으로 생김새가 아주 비슷하다. 죽대는 마디가 선명
한데 줄기가 붉고, 진황정은 잎 뒷면이 희읍스름하다. 뿌리를 자양

죽대

진황정

 강장제로 쓴다지만, 둥굴레에 비해 뿌리가 빈약하고 보잘 것 없는 데 어떻게 강장제가 되는지 아리송하다.

죽대와 진황정은 5~60cm 쯤 자라는데, 은방울 같이 하얗고 귀여운 꽃이 잎겨드랑이에서 하나씩 매달린 방울처럼 핀다. 5월 초순경 한 뼘쯤 자랐을 때 순을 뜯는데, 굵기가 손가락만큼씩이나 한 것이 뜯기에도 재미있다. 무리 지어 떼살이를 하는 비교적 흔한 나물이다. 줄기가 굵기 때문에 취나물과 함께 데쳐 말리면 묵나물이 훌륭하다.

죽대나 진황정 역시 산비탈이나 메마른 땅에서는 자라지 못한다. 흙살이 깊은 잡나무 숲에서 재생하는데, 진황정을 뜯을 때쯤이면 여러 가지 산나물이 지천이다. 갖가지 취나물이며 으아리를 비롯한 넝쿨나물 종류 등을 한데 섞어 뜯으면 별로 힘들이지 않고도 기대했던 만큼의 양을 채울 수 있다.

여러 가지 잡나물을 한데 섞어 데쳐도 상관없다. 무치거나 기름에 볶아도 여러 가지 잡맛이 한꺼번에 느껴져 희한하게 맛이 있다. 특히 잡나물로 된장찌개를 끓이면 산나물을 별로 좋아하지 않는 사람도 맛있다고 한다. 잡나물을 두서너 쾌기씩 뭉쳐서 냉동시켰다가 겨울에 먹으면 제 철보다 또 다른 맛을 즐길 수 있다. 같은 나물이라도 냉동나물과 묵나물은 맛이 생판 다르다.

말려서 보관하는 묵나물은 여러 가지를 섞지 않는 것이 더 좋다. 양이 적으면 두 세 가지를 섞을 수도 있지만, 한 가지만 데쳐 말리는 것이 맛도 좋고 먹기도 부드럽다. 죽대와 진황정은 생육이 왕성해서 해 거리를 하지 않아도 되고, 맛이 같고 비교적 많이 뜯을 수 있으므로 넉넉하게 뜯어다가 묵나물을 해 두면 겨우내 먹을 수 있다.

11. 참취

참취

참취는 엉거싯과에 딸린 여러해살이 식물이다. 쌍떡잎식물과인 국홧과를 우리말로 엉거싯과라고 한다. 참취를 한자로는 마제초馬蹄草 또는 마제채馬蹄菜라 쓰고, 향기가 짙은 나물이라 하여 향소香蔬라고도 한다. 마제초, 마제채는 참취 잎이 말굽처럼 생겼다고 해서 붙여진 이름이다. 참취 뿌리를 한방에서는 동풍채근東風菜根이라 한다.

두릅이 산나물의 황제라면, 참취는 산나물의 대표 격이다. 참취는 우리나라 어느 산이든 자생하는 흔한 나물이라 모르는 사람이 없겠지만, 암취와 숫취가 따로 있다는 것을 아는 사람은 별로 많지 않을 것이다. 암취는 뜻 그대로 꽃을 피워 씨를 맺기 때문에 꽃대가 올라온다, 그러나 숫취는 꽃대가 없고, 한 포기에서 두세 잎씩 잎만 나온다. 잎 모양은 암취와 거의 같은데, 맛과 향은 훨씬 덜하다.

참취도 주로 군락을 이루는 흔한 나물이지만 없는 지역에서는 단한 포기도 찾아볼 수 없다. 암취는 싹이 돋으면서부터 대궁이 올라와 대칭으로 잎이 나는데, 생육조건이 좋은 지역의 취는 대궁이 손가락만큼씩 실하다. 군락지를 만나면 금방 한 배낭을 채울 수 있어흐뭇한 성취감과 함께 뜯는 재미도 먹는 맛에 못지않다는 것을 흠뻑느낄 수 있다. 참취도 지금은 재배를 많이 해서 비교적 싸게 사먹을수 있지만, 야생에 비하면 맛이 훨씬 못하다.

야산의 참취는 5월 10일경부터 먹을 만하게 자라고, 높은 산의 취나물은 6월 중순까지도 쇠지 않는다. 본격적인 체취기간은 5월 중순경부터 말경까지다. 참취는 해마다 뜯으면 실하게 자라지 못한다. 취나물은 흔한 나물이므로 혼자만 다니는 지역을 정해놓고 해 거리를 해가며 뜯어다 먹는 것이 훨씬 수확이 많다. 높은 산에서 참취를뜯다보면 엇비슷한 취나물을 네댓 종류씩 볼 수 있다. 모두 먹을 수있는 취나물이지만 참취에 비해 맛이 덜하다.

참취는 생으로 쌈을 싸먹어도 맛과 향이 기막히다. 특히 삼겹살을싸먹으면 소화도 잘되고, 고기를 많이 먹어도 질리지 않는다. 취 잎을 따서 차곡차곡 쟁여 비닐봉지에 넣고 세워서 냉장실에 보관하면일주일 정도는 싱싱하게 생것으로 기를 많이 먹어 산나물를 생으로보관할 때는 씻지 않아야 한다.

참취로 겉절이를 하면 그게 바로 취나물 김치가 되는데, 그 맛이또 희한하다. 넉넉하게 김치를 해서 냉장고에 넣어두면 오래도록 먹을 수 있고, 약간 시어지면 그런 대로 또 다른 맛을 느낄 수도 있다.

참취를 생으로 먹는 방법이 또 한가지 있다. 참취 잎을 따서 차곡차곡 쟁여 들깻잎처럼 간장을 끓여 부어 참취 장아찌를 담는 것이다. 들깻잎처럼 갖은 양념을 해도 좋지만 취의 향을 그대로 맛보려면 간장만 끓여 붓는 것이 좋다. 간장을 끓일 때 마늘과 양파를 약간 넣고 끓이면 간장 냄새가 덜하고 참취의 맛은 살아난다. 간장에 잰 취나물 장아찌는 겨울까지 두고 먹을 수 있다.

데칠 취나물은 시들기 전에 데쳐야 향과 맛을 제대로 살린다. 취나물을 데칠 때도 대궁이 굵은 것은 따로 골라 간추려서 밑동부터 끓는 물에 넣어야 골고루 적당하게 익힐 수 있다. 데친 취나물은 된장에 무치거나 된장찌개를 끓이면 짙은 향과 취나물 특유의 쌉쌀한 맛을 그대로 즐길 수 있다. 마늘을 넣고 들기름에 볶으면 향은 죽지만, 구수하면서도 부드러운 감칠맛이 또 다르게 입맛을 돋운다.

데친 취나물을 두서너 쾌기씩 위생봉지에 넣어 얼리면 겨울에도 새파란 취나물을 먹을 수 있다. 약간 질기기는 해도 맛과 향은 그대로여서 무치든 볶든 된장찌개를 끓이든 한겨울에 색다른 맛을 볼 수 있다. 손바닥만큼씩 큼직큼직한 참취 잎을 따로 데쳐 얼렸다가 정월 대보름날 온 가족이 오곡밥 복쌈을 싸먹으면, 그 즐거움도 맛도 말로는 표현할 수 없고 그저 복을 먹는 기분이다.

그건 또 그렇더라도 참취는 묵나물로 먹는 맛을 빼놓을 수 없다. 정월 대보름날 먹는 참취 묵나물 볶음은 고기가 귀한 옛날에도 고기를 제쳐두고 젓가락이 가던 반찬이었다. 말린 취나물은 들기름에 볶아야 제 맛이다. 다르게 먹는 방법이란 있을 수 없다.

대보름 얘기가 나왔으니 말이지만, 대보름날 새벽에 부럼을 깨문다. 호두나 밤을 우선 세 개를 깨물어서 마당에 던져 고수레를 하고 먹는다. 우리 어릴 때만 해도 아이들 몸에는 온통 부스럼 투성이였다. 머리의 기계총에서부터 팔과 다리의 종기에서 고름과 진물이 마를 날이 없었다.

그 지겨운 부스럼을 예방하는 액막이가 한해를 시작하는 세시인 대보름날 부럼을 깨무는 것이다. 지긋지긋한 부스럼을 깨물어 먹어 치운다고 해서 아이들은 이를 악물고 호두며 잣을 깨물곤 했었다.

옛날에는 호두나 밤도 귀했다. 밤은 제삿날 더러 맛을 보지만, 호두나 잣은 대보름날 아니면 먹기 어려운 과실이었다. 그런 견과류를 자주 먹는 부잣집 아이들은 부스럼을 덜 앓았으니, 대보름날 부럼을 먹는 것은 아이들에게 있어서 연중 호사하는 날이었다.

뿐만 아니라 대보름날은 오곡밥을 비롯하여 다섯 가지 이상의 나물을 먹는데, 겨우내 단조로운 식단으로 허해진 몸에 영양을 보충하여 금년 농사를 대비한 힘을 기르자는 뜻이었다. 보름에 먹는 대표적인 나물이 바로 참취 묵나물이었다.

시골 사람들은 참취를 나물취라고 하는데, 옛날에는 산나물 보관 방법이 데쳐 말리는 것 외엔 없었다. 나물취 묵나물은 시골에서도 귀해서 귀한 손님이 와야 묵나물 반찬 대접을 한다. 도시에 사는 친인척이 다녀갈 때 선물로 한 뭉치씩 싸주기도 하고, 도시 친척집을 방문할 때도 한두 뭉치씩 싸들고 가는 귀한 시골 특산물이었다.

20여 년 전이었을 것이다. 내가 사업을 할 당시였는데, 고향이 강원도 평창인 종업원 하나가 있었다. 초겨울 어느 날 그의 누나라는 서른 초반의 아낙이 동생을 보러 왔었다. 아낙은 시골 사람들이 늘 그렇듯이 들기름 두 홉들이 한 병, 고춧가루 한 됫박, 밥밑콩 한 됫

박, 묵나물 두 뭉치를(묵나물 한 뭉치는 삶았을 때 대강 두 쾌기쯤 되
는 양이다)올망졸망 보자기에 싸들고 왔다.

들기름이나 고춧가루도 고맙지만, 참취 묵나물을 동그랗게 뭉쳐
볏짚으로 얼기설기 묶은 나물뭉치를 보자 오랜만에 고향 친구를 본
것처럼 와락 반가웠다. 나물뭉치를 어루만지던 나는 어릴 때 먹었던
묵나물 맛이 불쑥 생각나서 즉시 삶으라고 설쳐댔다.

아내가 어쩔 줄 모르고 머뭇거리자, 아낙이 팔을 걷어 부치고 대
들어 즉석에서 삶아 자기가 갖고 온 들기름에 볶아 저녁상에 내놓았
다. 어릴 때는 싫증나도록 먹었던 나물이었지만, 이십여 년 만에 먹
어보는 그 맛에 나는 그만 반해버렸다.

한데 나는 어른이라서 그렇다지만, 아낙이 데리고 온 네 살배기
사내 녀석이 나물 먹는 모습을 보며 우리 식구들은 그만 넋을 잃었
다. 그 때만 해도 시골에서는 고기 먹기가 그리 쉽지 않을 터인데, 어
린 녀석이 쇠고기에 생선반찬은 거들떠보지도 않고 그저 묵나물 볶
음만 집어먹는 것이었다.

어린아이가 나물볶음만 아구아구 먹자 우리 아이들도 덩달아 맛
있다고 먹었는데, 묵나물 한 뭉치 볶음이 한 끼에 동이 났다. 고기도
먹어본 사람이 잘 먹는다고, 산나물도 먹어본 사람이 찾고 잘 먹기
마련이다. 그 녀석은 어른이 되어서도 나처럼 산나물을 좋아할 것이
뻔하다.

어려서부터 인스턴트식품을 많이 먹으면 비행청소년이 되기 쉽다
는 어느 신문기사를 본 적이 있다. 실제로 보호관찰 청소년들을 조
사한 결과 그러한 통계가 나왔다고 한다. 수년 전에도 미국에서 그
런 조사를 했다는 얘기를 들은 적은 있지만, 우리나라 아이들과는

무관한 줄만 알았었는데, 나는 그 신문기사를 보고 큰 충격을 받았다.

우리 집 아이들은 이미 성인이 되었고, 어릴 때부터 인스턴트식품은 있으면 먹고 없으면 석 달 열흘 안 먹어도 먹고 싶은 생각이 없다는 정도로 식생활이 건전하다. 그런데도 나는 가슴이 철렁 하도록 놀란 것이다. 청소년들의 몸과 마음이 병들면 우리 모두가 그 부담을 나누어 져야 한다.

어느 연구소에서 조사한 바에 의하면, 건전한 일반 청소년들의 식성은 잡곡밥을 비롯하여 우리 고유의 음식인 해조류, 채소류, 김치, 된장찌개, 생선 등을 즐겨 먹는다고 한다. 세 살 버릇이 여든까지 간다는 옛말이 있다. 식성도 마찬가지다. 어릴 때 즐겨 먹었던 음식 맛은 나이가 들어도 잊지 못한다.

따라서 아이들의 식성 길들이기는 전적으로 부모들에게 달려 있다. 그러자면 우선 어른들부터 건전한 식생활을 해야 한다는 것은 너무나도 자명하다. 하지만 쉬우면서도 까다롭고 어려운 것이 사람 입맛 길들이기일 것이다. 그 고통은 어린 자녀를 둔 부모들이 감내해야 할 몫이다. 그러나 그 부모들 역시 우리 세대와는 또 다른 세대라는 것에 문제가 있다.

나물 잘 먹는 어린아이 얘기를 하다 보니 잠시 빗나갔는데, 아무튼 그 아이 엄마가 돌아간 지 대엿새 만에 평창에서 소포가 하나 왔다. 난데없는 소포라 의아해서 뜯어보니, 아낙이 참취 묵나물을 네 뭉치나 정성 들여 싸서 보낸 것이었다.

묵나물은 바짝 말라서 잘못 다루면 팍삭 부서져 먹지 못한다. 그런 물건을 소포로 부치자면 온갖 정성을 들여야 하므로, 나는 그 정성이 더욱 고마웠던 것이다. 우리 식구는 그 묵나물을 겨우내 두고 먹었는데, 먹을 때마다 눈알이 똘망똘망하던 네 살배기 사내아이를 입에 올리며 웃고는 했다. 그 녀석도 이제는 스무 살이 넘은 청년이 되었을 것이다.

그 때도 나는 산나물을 더러 뜯어다 먹기는 했는데, 묵나물로 말려둘 만큼 많이 뜯지도 않았지만 그런 생각을 해보지도 않았었다. 한데, 그 겨울에 묵나물 맛을 되살려 내고는 이듬해부터 참취를 뜯어다 말리기 시작했었다.

다섯 가지 오곡밥을 먹고, 다섯 가지 나물을 먹어야 그 해를 건강하게 난다는 정월 대보름. 화창한 봄날, 운동 삼아 두어 행보 취나물산행을 해서, 내년 대보름날에는 부디 참취묵나물 볶음을 장만해서 드서 보시기를 권한다. 감히 말하거니와 대보름날 취나물을 드시면, 한 해 동안 감기를 비롯한 잡병 근심은 안 해도 좋을 것이다.

채취한 참취

참취의 성분과 효능

참취의 전초全草에는 플라보노이드, 사포닌, 정유, 알칼로이드 성분이 함유되었다. 이러한 성분들은 동물실험에서 뚜렷한 이담작용과 진통작용이 있음이 확인되었다고 한다.

민간에서 참취를 황달, 간염, 해소, 소화장애, 타박상, 기침과 가래, 건위약으로도 쓴다. 또한 요통, 칼에 찔리거나 베인 상처, 독사에 물린 상처, 부스럼, 장염으로 인한 복통, 골절동통, 타박상 등을 치료한다.

12. 곰취

곰취

　곰취도 참취와 같은 엉거싯과에 딸린 산나물이지만 참취와는 생긴 모양부터 사뭇 다르다. 곰취를 한자로는 웅소雄蔬라고 쓴다. 곰 웅熊 자 나물 소蔬자를 보면 곰이 먹는 나물이라는 뜻인지 어떤지 모르지만, 아무튼 곰이 살법한 높고 깊은 산에만 자생하는 귀한 나물임에는 틀림없다.

　곰취를 한방에서는 호로칠葫蘆七 대구가大救駕 또는 산자완山紫菀 이라 하여 약제로 쓴다. 최근에는 곰취에 강력한 항암 성분이 있다는 말이 퍼지면서부터 수난을 당하고 있다.

　20여 년 전만 해도 강원도 정선 장이나 평창 장에 가야 제철에 곰취를 더러 볼 수 있었지만, 그나마 알려지지도 않은 나물이라 찾는 이도 없어 한 귀퉁이에서 그냥 말라비틀어지곤 했었다. 참취는 없어 못 팔아도 곰취는 시골 사람들까지도 천대를 하던 산나물이었는데, 지금은 참취보다 대여섯 곱절이나 더 비싸도 살수가 없는 귀한 나물이 되어버렸다.

값이 좋아서 그런지 요즈음은 강원도 산골이나 경기도 산골에 가면 비닐하우스에서 곰취를 재배하는 농장을 많이 볼 수도 있다. 그렇게 재배라도 많이 해서 몸에 좋다는 곰취를 여러 사람들이 즐겨 먹을 수 있었으면 좋겠다.

곰취가 한창 나올 제철이면 시장이나 유원지 장마당에서 곰취를 많이 보게 되는데, 우리 눈에는 분명 재배 곰취인데 자연산이라고 속여 파는 것을 흔히 본다. 재배하는 사람들한테는 매 맞아 죽을 말이지만, 야생과 재배 곰취를 구분하는 간단한 방법이 있다. 같은 묶음에서 잎의 크기와 줄기의 굵기가 거의 일정한 것과, 크기와 굵기가 제 각각인 것을 볼 수 있는데, 일정한 것은 재배곰취가 틀림없다고 생각하면 된다.

우리나라에는 취나물이 20여 종류가 자생하는데, 맛이 거의 엇비슷하다. 하지만 곰취는 생김새부터 맛까지 판이하게 다르다. 곰취는 맛도 좋을 뿐더러 생으로 먹든 데쳐서 먹든 참취보다 훨씬 부드럽다. 특히 생으로 쌈을 싸먹으면 혀에 닿는 감촉이 상추보다 부드럽다는 것을 느낄 수 있다.

곰취의 생김을 가장 쉽게 설명하자면, 우리가 쉽게 볼 수 있는 머위 잎과 아주 흡사하다. 곧게 솟은 대궁이며 동그란 잎의 크기며 잎 가장자리의 톱니모양까지 머위와 비슷하다. 머위는 줄기를 주로 먹고, 곰취는 잎을 주로 먹는다는 것이 다를 뿐이다.

곰취는 묘하게도 자생지의 생육환경에 따라 맛이 각기 다르다. 하지만 처음 몇 번 먹는 사람들은 그 맛을 구분하지 못한다. 나는 곰취 모양과 맛을 보면 어느 산곰취인지, 해발 몇 미터 지역에서 자생하는 곰취인지를 거의 안다.

우리 고향에는 높은 산이 없어 곰취라는 나물을 듣도 보도 못했는데, 내가 곰취를 알게 된 것이 1984년 5월 28일이었다. 해마다 5월 말경에 소백산에는 철쭉제가 벌어지는데, 그 해에는 그 때가 절정기라고 해서 철쭉을 보러 갔었다. 소백산 철쭉꽃은 우리나라에서 한라산, 지리산과 함께 세 손가락 안에 꼽힐 만큼 장관을 이루기 때문에 철쭉제도 그에 걸맞게 요란하다.

새벽 다섯 시에 희방사에서부터 산행을 시작하여 열 시쯤 비로봉 정상에 도착했는데, 산꼭대기에 난데없는 산나물 시장판이 벌어져 있었다. 산 아랫동네 아낙네들이 참취를 비롯해서 참나물이며 갖가지 산나물을 뜯어다 무더기로 쌓아놓고 등산객을 상대로 팔고 있었다. 참취와 참나물은 전부터 알고 있었지만, 이상한 나물이 있어 물어 보았더니, 곰이 먹는 곰취라고 했다. 산나물을 두 모숨 정도씩 묶어 팔고 있었는데, 참나물은 한 묶음에 3천 원이었고, 곰취는 2천 원이었다.

우리 일행 몇몇은 이미 나물 맛을 알고 있으므로 여남은 묶음씩 사서 배낭에 넣고는 구인사 쪽으로 하산을 했다. 얼마쯤 가다 배가 고파 점심을 먹으려고 등산로를 벗어나 숲 속으로 들어가자, 산비탈에 난데없는 머위 밭이 펼쳐지는 것이었다.

개울가나 논두렁에 퍼드레하게 자라는 머위 밭을 본 사람들은 그

광경을 이해를 할 것이다. 일삼아 가꾸어 놓은 것 같이 온 산비탈이 온통 머위 밭이었다. 나는 비로봉에서 샀던 나물이 생각나서 배낭을 열고 꺼내보았다. 이런 세상에, 아낙네들이 곰취라고 하던 바로 그 산나물이 산비탈에 지천으로 널려 있었다.

우리 일행 넷은 배고픈 것도 잊고 곰취라는 산나물을 뜯기 시작했는데, 채 반 시간도 안 되어 배낭이 찼다. 곰취 뿐만 아니었다. 비로봉에서 한 묶음에 3천 원씩이나 주고 산 참나물이 즐비했고, 곰취 잎 하나가 양쪽 손바닥을 합친 것보다 크고 줄기도 손가락만큼씩이나 실했으니, 한 배낭 채우는 것은 일도 아니었다. 1984년 5월 28일, 바로 그날 곰취를 알게 되어서 나는 지금까지도 그 날을 잊지 못한다.

그날 소백산 산행을 같이 했던 우리 일행 셋은 그 이듬해부터 산나물을 뜯기를 주목표로 하는 산행을 시작했다. 그 때는 소백산뿐만 아니라 높은 산에서는 등산로만 벗어나 비탈이나 계곡으로 들어가면 곰취와 참취, 참나물이 그대로 밭이었다. 그러나 언제부터인가 산나물이 몸에 좋다는 소문이 퍼지면서, 각 동네마다 사람들이 본격적으로 산나물을 뜯어다 팔기 시작했고, 등산객들까지 가세하여 이제는 산나물이 점점 귀해지고 있는 형편이다.

곰취를 생각하면 또 한 가지 잊지 못할 추억이 있다. 1992년도에 소설가 열네 명이 중국 여행을 갔었다. 관광 어드레 째 되는 날 통화通化에서 전세버스를 타고 즙안集安으로 가는데 통화령이라는 고개를 넘게 되었다.

관광가이드의 말에 의하면 통화령의 이름이 둘이다. 정상을 가운데 두고 통화에서 넘으면 통화령이고, 즙안쪽에서 넘으면 즙안령이라는 것이다. 얼마나 높은 고개인지는 모르겠으되 제법 가파른 비포

장 도로였는데, 15인승 버스가 고개 초입부터 빌빌거리기 시작했다. 가다 서다를 반복하던 버스가 웬걸, 고개 중턱쯤에서 그예 받은 숨이나마 딸깍 거두고 말았다.

바특한 관광일정에 몇 시간씩 차질이 생기면, 결국 하루 관광은 포기해야 하는 것이 당시 중국의 교통실정임을 경험한 우리는 난감했다. 그러나 에어컨도 없는 차안이 너무 더워 어쩔 수 없이 차에서 내린 우리는 도로 가의 나무그늘 밑으로 들어갔는데, 놀랍게도 숲속이 온통 곰취 밭이었다.

나는 그만 입이 저절로 벌어져 다물 수 없었지만, 곰취를 아는 사람은 아무도 없었다. 우리 일행들은 그 퍼들퍼들하게 널린 풀이 산나물이라는 내 말에도 그저 그러려니 별 관심을 보이지 않았다. 그때가 8월 초였지만, 우리나라와는 기후가 다른 탓인지 곰취가 꽃이 피기 전이어서 속잎은 충분히 먹을 만했다. 나는 연한 잎만 골라 두어 모숨 뜯어 가방에 넣었다.

버스 기사가 보닛을 열고 어딘가를 한참 주물럭거리더니 용케도 숨넘어간 차를 살려내긴 했는데, 기력이 쇠잔하여 사람을 태울 수가 없다고 했다. 하는 수없이 여자들과 나이 든 분들만 차에 타고 예닐곱은 걸어서 고갯마루까지 올라가야 할 처지였다.

그날은 유난히도 더워 푹푹 찌는 더위를 무릅쓰고 반시간쯤 걸어 올라가자 고개 정상이 나타났다. 등산으로 단련된 나도 헉헉거렸으니, 다른 사람들이야 말할 나위도 없다. 천만 다행으로 내리막길에서는 버스가 저절로 잘 굴러가서 좀 늦기는 했지만 무사히 즙안까지 도착할 수 있었다.

즙안에 도착한 우리는 예약된 조선족 식당에서 늦은 점심을 먹게 되었다. 나는 통화령에서 뜯은 곰취를 꺼내들고는 식당 종업원인 조선족 청년을 불러서 좀 씻어 달라고 부탁했다. 청년이 곰취를 받아들고 대뜸 하는 말이,

"이게 북조선과 중국 동북삼성에만 있다는 곰취라는 산나물인데, 남조선 사람이 이걸 어드렇게 압네까?" 하고, 우악스런 북한말로 되물었다.

나는 귀에 선 북한 억양과 북조선이라는 말에 섬뜩했지만, 순간적으로 반가워 청년의 어깨를 와락 끌어안고는 등을 두드리며 혼잣말 비슷하게,

"역시 우리 과갈이구나!" 하고, 중얼거렸다.

청년이 눈을 휘둥그레 홉뜨고 나를 보더니 손을 덥석 잡으며 언성 높여 말하는 것이었다.

"그럼, 남조선 작가선생도 박가란 말입네까?"

너무나 엉뚱한 말에 놀라 나도 청년처럼 눈을 지릅뜨고 마주보다가 잡힌 손을 냅다 흔들며 대꾸했다.

"그럼, 그대도 박가란 말이오?"

청년이 홉떴던 눈을 내리깔고는 순간적으로 얼굴을 짱당그리며 되받았다.

"아니 그럼, 내가 박간 줄도 모르고서리 과갈간이라 했단 말이오?"

청년의 행위에서 돌연 찬바람이 느껴졌지만, 나는 외려 마음이 흐뭇해서 청년의 등을 다독거리며 대꾸했다.

"과갈이 어디 따로 있겠소. 그대나 내나 같은 단군 자손 배달민족인데, 외국에 나오면 우리 모두가 과갈간이 되는 게 아니오?"

청년도 그제서야 껄껄 웃으며,

"듣고 보니까니 작가선생 말씀이 참 맞기는 맞습네다." 하며, 내 손을 다시 잡는 것이었다.

얼결에 튀어나온 내 혼잣말을 알아들은 조선족 청년이 대견스러워 작달막한 키에 가무잡잡하고 오종종한 얼굴을 한참 들여다보았다. 잘해야 스물 대여섯 먹었을 조선족 3세쯤 돼 보이는 청년이 과갈瓜葛을 알다니! 나는 배가 고프면서도 점심 먹는 것도 잊은 채 청년을 잡고는 많은 것을 물었는데 아니나 다를까, 청년의 할아버지가 개성에서 서당 훈장을 했었고, 연변에 와서도 훈장질을 했다고 말했다. 게다가 청년은 나와 진짜 과갈간인 밀양 박가에다 규정공파였다.

우리는 청년이 씻어다 준 곰취로 쌈을 싸먹었는데, 외국에 나와서 생각지도 않았던 곰취를 먹으니 감회가 새로웠다. 곰취를 처음 먹어보는 일행들은 맛이 있다느니, 쓰다느니 말들이 많았지만, 나는 늘 먹었던 맛이기에 그야말로 꿀맛이었다. 그러나 우리나라 곰취 맛에 비하면, 쓰기는 더 쓰고 향기는 훨씬 덜한 것 같았다.

우리 과갈 청년이 곰취를 씻어다 주며 말했다. 이곳 사람들도 곰취가 어릴 때는 생 쌈을 먹기도 하지만, 너무 써서 주로 데쳐서 쌈으로 먹거나 말렸다가 겨울에 묵나물로 먹는다고 했다.

배달민족의 식성과 먹거리는 세상 어딜 가나 매한가지구나 싶어 청년이 더욱 사랑스러워 졌고, 내가 해줄 수 있는 능력만큼 무엇이든 해주고 싶은 마음이 불쑥 들었다. 그 때만 해도 중국이 개방 된지 불과 2년이었고, 북한은 더욱 아득히 먼 나라였고, 중국의 조선족은 우리나라의 6·25전쟁 직후와 흡사한 생활환경이었다.

우리는 줍안에서 하룻밤을 묵게 되었다. 나는 작가적인 정신이 발

동하여 밤에 빼주(배갈) 두 병과 만두 한 상자를 사 들고 과갈간인 청
년의 집을 방문했다. 즙안 변두리의 옥수수밭 가에 있는 나지막한
집이었는데, 비록 지붕에 기와는 얹었을망정 방 두 칸에 부엌이 딸
린 오두막이었다.

　나는 방에 들어서면서, 예닐곱 살 적의 어린 시절로 되돌아 간 듯
한 착각에 빠져 한동안 정신을 차릴 수 없었다. 사방 일곱 자도 안될
옹색한 방안은 30촉도 안 될 성싶은 흐릿한 전깃불이 밝히고 있었는
데, 꽃무늬 벽지로 도배를 한 바람벽은 군데군데 찢어졌고, 천장은
쥐 오줌으로 얼룩져 있었다.

　뒷벽 귀퉁이에 걸린 횃대에 빛바랜 옷이 마구 뒤엉긴 채 걸려 있
고, 횃대 옆의 반닫이장 위에는 이불깃에 때가 고지레 한 무명이불
이 개켜져 있었다. 베갯모에 격자무늬가 수놓아진 동그란 베개가 네
개 얹혀 있었고, 방안은 비교적 정갈했다. 내가 온다는 것을 알고 미
리 방안 정돈을 했음을 한눈에 알아볼 수 있었다.

　수인사를 나눈 청년의 아버지는 내 또래였지만, 십 년은 더 늙어
보였다. 어머니는 그보다도 더 늙어 보여 물었더니 아버지 보다 세
살이나 위라고 했다. 청년의 밑으로 고만고만한 동생이 셋이나 있었
는데, 막내가 딸이었다.

　나는 여벌로 갖고 갔던 T셔츠와 바지를 포함해 두 벌을 주고, 청년
의 두서너 달치 월급에 해당하는 달러도 손에 쥐어 주었다. 청년과
어머니는 눈물을 글썽이며 몇 번이나 머리를 조아려 나는 몸 둘바를
몰라 쩔쩔매다가 갖고 간 빼주도 못 마시고 그냥 돌아왔다.

　통화령의 곰취만 아니었으면 나는 청년을 만나지 못했을 것이다.
곰취가 아니었으면 약차한 달러도 축나지 않았을 것이고, 아끼던 T

셔츠와 바지 두 벌도 지금까지 입을 것이었다. 그러나 나는 지금도 이미 마흔이 넘어 장년이 되었을 박진욱이라는 그 청년을 잊을 수 없다. 그리고 해마다 곰취만 보면 청년과 그 가족들이 떠오르곤 한다. 병색이 짙던 청년의 아버지는 아마 죽었을 것이다. 각설却說이 좀 길었나 모르겠다.

곰취는 해발 1천미터 이상의 높은 산에 주로 자생하지만, 그리 높지 않아도 사람의 발길이 미치지 않는 깊고 외진 골짜기나 계곡에서도 가끔 눈에 띈다. 메마른 모래땅이나 급경사면에는 더러 있어도 잘 자라지 못하고 빈약하다. 소나무나 잣나무 숲에서도 자라지 못하고, 참나무를 비롯한 잡목 숲의 습한 지역에 주로 자생한다.

흙살이 좋은 습지대에는 왕곰취가 자생하는데, 잎 하나가 거짓말 좀 보태서 우산만 하다. 그런 곰취 잎 하나면 밥 한 그릇을 쌈 싸먹고도 남는다. 손가락만한 줄기를 꺾어 씹으면 갈증을 면할 만큼 수분이 많다. 쌉쌀한 맛도 진하고, 화약 냄새 비슷한 향기가 코를 톡 쏜다.

곰취는 5월 중순경부터 6월초까지, 아주 높은 산의 음지에서는 6월 중순까지 뜯을 수 있다. 곰취를 뜯으러 갈 때는 일삼아 마음먹고 가야한다. 산이 높고 험할 뿐더러 곰취 자생지역은 험해서 힘도 들고 시간이 많이 걸린다. 우리는 새벽 네다섯 시쯤에 출발하거나, 길이 멀다면 산 밑 동네에서 하룻밤을 묵고 이른 아침에 산행을 시작하기도 한다.

곰취 역시 해 거리를 해주는 것이 좋다. 해마다 뜯으면 개체수도 줄고 실하지도 않다. 많은 사람들이 해마다 뜯어 나르는 산에는 몇 년 지나면 곰취를 볼 수 없다. 참으로 안타까운 노릇이다. 곰취는 싹에 비해 뿌리가 빈약하다. 자생지 흙도 부드럽기 때문에 뿌리가 잘

뽑힌다. 뿌리가 뽑히지 않도록 줄기가 연한 부분만 잡고 꺾는 듯이 뜯던가, 뿌리부분을 발로 밟고 뜯는 것이 요령이다. 그래도 뿌리가 뽑히는 수가 있는데, 좀 귀찮더라도 그 자리에 심어주는 것이 곰취에 대한 예의다.

높은 산의 곰취가 잎도 실할 뿐만 아니라 맛과 향도 훨씬 진하다. 곰취는 생 쌈을 먹어야 제 맛을 느낄 수 있다. 쌉싸름하면서도 부드러운 화약 냄새 비슷한 향기가 온통 정신을 황홀하게 만든다.

특히 등심이나 삼겹살을 싸먹으면 한 쌈 두 쌈 먹을수록 그 맛에 푹 빠져든다. 처음 먹어보는 사람도 삼겹살을 몇 쌈만 먹어보면, 점점 맛이 난다며 참 희한한 나물이라고 고개를 갸웃거리게 마련이다. 따라서 자연히 고기도 많이 먹게 될뿐더러 소화도 잘된다. 점심 때 곰취 쌈으로 점심을 먹으면, 먹고 돌아서서 또 밥을 찾게 마련이다.

곰취를 뜯을 때도 너무 눌러 담으면 시커멓게 떠버린다. 잎이 크기 때문에 구겨지지 않게 차곡차곡 뜯어서 누르지 말고 적당하게 배낭을 채우는 것이 요령이다. 뜯어온 곰취는 즉시 골라서 다듬어야 한다.

잎이 찢어졌거나 구겨지거나 시커멓게 뜬것은 따로 골라 데치고, 싱싱하고 연한 잎은 골라 차곡차곡 쟁여 비닐봉지에 넣어 냉장실에 보관하면 열흘 정도는 두고 생으로 먹을 수 있다. 곰취는 잎줄기 맛도 좋으므로 쇠지 않은 잎 쪽으로 적당하게 두고 가위로 잘라 줄기 부분만 잠시 물에 담갔다가 보관하면 싱싱하게 오래 간다. 모든 산나물을 생으로 보관할 때는 잎에 물이 닿지 않도록 해야 한다.

넉넉하게 뜯어 왔다면, 귀한 산나물이니까 이웃간 친지간에도 나누어 먹으면 돈독한 우애를 오래도록 누릴 수 있고, 고단했던 산나물 산행도 보람을 느낄 수 있을 것이다. 산나물은 나누어 먹을수록 맛이 있다. 하지만, 곰취나 두릅 등 귀한 나물은 뜯을 때를 생각하면 한 잎도 남 주기가 아깝다.

곰취 한 잎, 두릅나무 하나를 보고 아득한 비탈까지 허위단심 올라가야 하고, 나물이 있을 법한 지역을 찾아 능선을 넘고 계곡을 건너고, 온갖 넝쿨이 빼곡한 돌서덜지대를 뚫고 나가야 한다. 그러나 욕심을 버리면 나눔의 기쁨 또한 크고, 나눈 만큼의 대가도 분명히 받는 것이 인지상정일 것이다.

나누어 먹고도 남는다면 살짝 데쳐 냉동보관을 한다. 우선 곰취를 씻어 차곡차곡 쟁여놓고 줄기를 똑같이 가위로 자른다. 연한 줄기의 맛은 잎보다 진하기 때문에 데쳐도 맛이 좋으므로 줄기 끝 부분만 가지런하게 자른다.

운두가 얕은 적당한 냄비에 소금을 약간 넣고 물을 끓여야 나물이 새파랗게 데쳐진다. 끓는 물에 쟁여진 곰취를 잡기 좋을 만큼 집어서 줄기부분부터 물에 담근다. 줄기가 익었다고 생각 될 때 잎까지 넣고 살짝 데쳐 찬물에 헹군다. 될 수 있는 한 잎이 차곡차곡 쟁여진 그대로 물기를 대충 짜서 위생봉지에 적당량을 넣어 얼려야 나중에 쌈으로 먹기 좋다. 얼린 곰취를 한겨울에 녹여 먹으면 향기와 맛은 약간 죽지만, 그대로 봄을 먹는 기분이다. 얼린 곰취도 삼겹살을 싸 먹으면 기막히게 맛이 좋다.

쇠었거나 시커멓게 뜬 곰취는 데쳐서 말리면 묵나물이 된다. 말린 곰취도 다시 삶아 들기름에 볶아 먹으면 향도 맛도 다른 나물보다 진하다. 곰취로 겉절이를 해서 냉장고에 보관하면 또 다른 맛으로 꽤 오래 두고 먹을 수 있다.

마지막 또 한 가지 곰취를 생으로 저장하는 방법이 있다. 참취와 마찬가지로 간장을 끓여 재우는 소위 곰취 장아찌 담는 방법이다. 곰취를 뜯다보면 크고 작은 것들을 두루 뜯게 되는데, 대충 손바닥 크기 이하의 것들만 골라 씻어서 물기를 빼고, 적당한 용기에 차곡차곡 눌러 쟁여 둔다. 간장에 마늘과 양파를 약간 넣고 끓여서 식힌 뒤에 식초와 매실청을 적당량 넣어 곰취가 담긴 용기에 부어 두면 숨이 죽어 가라앉는다. 하루 뒤에 간장을 따라 다시 끓여 알맞은 용기에 곰취를 담고 식힌 간장을 부어 냉장고에 보관하면 겨울까지 먹을 수 있다.

곰취 산행을 서너 행보 할 요량이라면, 애초부터 좀 큼직한 용기를 준비하는 것이 좋다. 다음번에 뜯어온 곰취도 같은 요령으로 그 위에 담고 간장을 보충하여 다시 끓여 부으면 된다. 그렇게 냉장고에 보관하면 일 년이 지나도 맛이 변하지 않은 생곰취 그대로의 맛과 향을 즐길 수 있다.

따끈한 밥숟갈 위에 곰취 장아찌를 한 장씩 덮어 먹으면 밥을 두 사발 먹고도 입맛을 쩝쩝 다시게 마련이다. 쇠고기든 돼지고기든 구운 고기를 싸먹어도 맛이 그만이고, 곰취 향이 우러난 간장에 밥을 비벼 먹어도 맛이 기막히다. 곰취의 양이 적을 때는 함께 뜯어온 연한 참취 잎과 한데 섞어도 괜찮다.

곰취의 성분과 효능

곰취의 성분은 단백질, 탄수화물, 플라보노이드, 칼슘, 비타민A, C가 풍부하고, 베타카로틴이 100g당 4.45mg함유되어있다. 상추에 비해 비타민C가 6배, 섬유소가 8배 이상 함유되었음이 밝혀졌다.

베타카로틴과 플라보노이드, 비타민C가 풍부하게 함유되어 항산화 및 항암효과가 탁월하다. 육류를 구을 때 생성되는 발암원인 물질이나 담배를 태울 때 생성되는 벤조피린 등 발암물질의 활성을 60~80%정도 강하게 억제하는 효과가 있음이 밝혀졌다. 실험결과 유전독성 억제효과 15~58%를 나타냈으며, 각종 암세포의 성장을 억제하는 것으로 나타났다. 따라서 혈액순환을 활발하게 해주고, 기

채취한 곰취

침, 백일해, 천식 등에 효능이 있는 것으로 밝혀졌다. 민간요법으로는 황달, 고혈압, 관절염, 간염에 효능이 좋다고 한다.

13. 산마늘

산마늘은 정말 귀한 산나물 중의 하나다. 나는 30여 년이 넘게 산을 탔지만, 산마늘 자생지는 세 곳밖에 보지 못했다. 울릉도에서 이른 봄에 난다는 명이나물이 산마늘이라는 말을 듣기는 했지만, 육지의 산마늘과 같은 종류인지는 보지 않아서 알 수가 없다. 내가 어릴 때는 어른들이 높은 산에 나물을 뜯으러 가면 더러 산마늘을 뜯어 온다는 말을 듣기는 했었지만 어떻게 생겼는지 기억에는 없었다.

산마늘을 한자로는 마늘 산蒜자를 쓰는데, 동의보감에는 소산小蒜

꽃대가 올라오는 산마늘

이라 하고 중국 중약대사전에는 산산山蒜이라고 기록했다. 우리나라 한방에서는 파 총葱자를 써서 산총山葱또는 명총茗葱이라고 하는데, 산에서 난 '파'라는 뜻이다.

산마늘은 예전부터 산삼만큼이나 귀한 나물이라고 했었다. 오죽 하면 산마늘을 뜯어오면 아들이 볼까봐서 방문을 걸어 잠그고 영감 만 먹인다는 말이 전해질 정도였다. 그만큼 산마늘이 정력에 좋다는 말이라고 하지만, 나는 별종 중에도 별종인지 별로 효험을 보는 것 같지는 않다. 하긴 그 덕에 20여 년을 빈둥거리면서도 아직 쫓겨나 지 않았는지도 모르긴 하지만……

내가 직접 산마늘 맛을 본 것이 1994년도였다. 그해 늦봄에 백무

동에서부터 뱀사골까지 2박 3일간 지리산 종주를 했었는데, 천왕봉을 지나 어느 능선에서 볼일을 보려고 등산로를 벗어났다가 이상하게 생긴 꽃대를 발견했다. 대파꽃 같기도 하고 산달래의 실한 꽃송이 같기도 한데 꽃빛깔이 연한 자줏빛이었다. 꽃송이 크기가 거의 대파만 했는데, 잎은 파도 아니고 달래도 아닌 것이 넓고도 길쭉한데 네 잎이 나있고 가운데 꽃대가 솟아 있었다.

나는 직감적으로 이것이 말로만 들었던 산마늘이구나 싶어 잎을 뜯어 씹어 보았다. 아니나 다를까, 진한 마늘 맛이 혓바닥을 톡 쏘았다. 그 주위를 살펴보니 여남 포기가 산재해 있었다. 사진을 네댓 장 찍고는 이미 쇠어서 먹을 수는 없지만, 꼭 찾고 싶었던 귀한 것이어서 연한 잎을 대여섯 장 채집용으로 뜯었다. 나는 일행과 뒤떨어져 그 주위 반경 1km 정도의 능선좌우를 살펴보았다. 주변에 꽤 많은 개체가 눈에 띄었지만, 그 뒤로는 지리산에 갈 기회가 없었다.

그 이듬해부터 산나물 산행을 갈 때마다 산마늘을 찾아보았지만 좀체 눈에 띄지 않았다. 해발 1천 미터 이상의 높은 산에서 더러 보이기는 해도 고작 대여섯 또는 여남 포기에 불과했다. 뿌리도 캐서 확인해 보았으나 산마늘이라는 이름과는 달리 뿌리는 제법 깊이 박혔는데 먹을 수 없이 작았고, 원추리처럼 벗겨지는 비늘줄기 잎과 대궁을 먹을 수 있었다.

습하지도 않고 너무 건조하지도 않은 잡목 숲에 자생하는데, 생육조건이 좋은 지역에서는 잎줄기 길이가 30cm 이상인 것도 있었다. 보통은 20cm 정도였고, 꽃대도 마늘쫑처럼 올라오지만, 꽃대는 번식을 위하여 꺾지 말고 아껴두는 것이 좋다. 산마늘은 주로 뿌리로 번식하는 것 같았다. 생육조건이 좋은 지역에는 밀생을 하는데, 밀생군락지의 것들은 꽃대가 올라오지 않고 잎만 무성하게 자라는 것을 볼 수 있었다. 역시 해 거리를 해주면 실한 것을 뜯을 수 있다.

곰취가 재생하는 지역 주변을 세세히 살피면 더러 볼 수 있지만, 특별하게 관심을 갖지 않으면 찾기 어려울 만큼 엇비슷한 풀들이 많다. 미심쩍으면 뜯어서 맛을 보면 마늘 맛이 진하게 난다. 하얀 꽃과 자줏빛 꽃이 피는 두 종류가 있는데 잎 모양은 똑같고, 꽃이 피면 이미 쇠어서 먹을 수 없다. 워낙 귀한 산나물이기 때문에 생으로 쌈을 싸 먹고, 곰취와 함께 고기를 싸 먹으면 맛도 향도 정말 끝내준다. 냉장실에 잘 보관하면 열흘 정도는 그런 대로 두고 먹을 수 있다.

산마늘도 이제는 재배에 성공하여 시장에서 사먹을 수 있게 되어 대행이다. 그에 따라 다양한 요리법이 개발되어 장아찌를 담고 무침을 한다지만, 나는 생으로 쌈을 싸 먹는 맛이 가장 좋다고 생각한다.

재작년 봄에는 오랜만에 고향 친구와 연락이 되어 생선 횟집에서 만나기로 하고, 나는 전날 뜯어온 산마늘을 한 모숨 싸들고 갔었다. 생선회를 싸먹어도 맛이 괜찮을 것 같아서 시험 삼아 갖고 갔었는데 아니나 다를까, 생선회와 궁합이 잘 들어맞아 맛이 기막히게 좋았다. 마늘과는 다른 부드러운 매운 맛과 마늘도 파도 아닌 은은한 향기가 생선 맛과 어우러져 그대로 몰아지경에 들게 했다.

친구는 그 뒤부터 만나기만 하면 산마늘 타령이었고, 내가 산마늘만 뜯어오면 생선회를 사기로 약속했지만 서로 바쁘다보니 만나지 못했다. 하지만 솔직히 말하자면, 아들도 안 준다는 산마늘이 아까워서…… 그 말을 변명 삼아 친구한테 전화로 했더니, 만나기만 하면 반은 죽여 놓겠다고 지금도 계속 벼르고 있다. 죽을 때까지 그 친구를 피해야 할지 맞닥뜨려야 할지 요새 한참 고민 중이다.

산마늘 뿌리

산마늘에는 독특한 냄새를 내는 알라린(Alliin)이라는 성분이 다량 함유되었으며, 비타민A도 다른 산채에 비해 많이 함유되었다고 한다. 특히 알라린은 유황성분이 많은 아미노산 일종으로 비타민B1을 활성화하고 일부 병원균에 대하여 항균작용을 나타내며, 또 강장작용强壯作用을 하는 스코류지닌 성분이 들어 있다고 한다.

비타민A는 피부를 매끄럽게 하고 감기에 대한 저항력을 높이며 호흡기 튼튼하게 하고 시력을 좋게 한다. 산마늘은 심장마비 관상동맥 질환·뇌졸중 등을 일으키는 콜레스테롤을 조절한다. 또한 비타민 결핍증, 위염, 신경쇠약, 심장병 등에 효과가 있는 것으로 밝혀졌고, 자양강장, 이뇨, 정장, 피로회복, 감기, 건위, 소화 등에 약효가 있다고 한다.

14. 참나물

참나물은 미나리과의 다년생 식물이다. 참나물은 많이 알려진 산나물이고 재배도 많이 해서 사시사철 먹을 수 있는 나물이 되었다. 그러나 말이 참나물이지 그 맛도 향도 야생 참나물에는 훨씬 미치지

참나물

못한다. 참나물은 웬만한 산에서는 흔히 볼 수 있지만, 아무 산에나 있는 것은 아니다. 비교적 산세가 수려한 지역에 주로 자생하는 나물인데, 아무리 높고 청정한 산이라도 없는 지역에는 단 한 포기도 볼 수 없이 자리를 가려 난다.

　내 경험에 의하면 자생지를 가장 대중할 수 없는 나물이 참나물이었다. 틀림없이 있을 것 같아서 허위단심 가보면 단 한 포기도 없고, 없을 것 같아서 거들떠보지도 않았던 지역에서 일행 중 한 사람은 배낭을 채웠다고 자랑한다. 하기는 산을 다니다보면 그러한 경우가 더러 있기는 있지만, 그 중에서도 참나물의 생육환경조건은 특히 까다로운 것 같다.

　참나물은 가파른 비탈이나 모래땅에서는 자생하지 않는다. 되바

채취한 참나물

라진 양달에도 없고, 숲이 무성한 응달에서도 볼 수 없다. 서향의 비스듬한 엇비탈에 적당한 습기가 있는 땅이면 아주 실하게 자란다. 참나물도 미나릿과에 딸린 다년생이라 주로 군락을 이루는데, 대궁이 붉은 것도 있고 푸른 것도 있고, 잎은 실하게 자란 미나리의 잎과 비슷하다.

생육조건이 좋고 사람 발길이 뜸한 지역은 온 비탈이 그대로 참나물 밭인 것을 볼 수도 있다. 그러나 아무리 실해도 대궁 굵기가 나무젓가락 굵기를 넘지 않으므로 뜯는 분한이 없다. 참나물이 자생하는 지역에는 곰취도 더러 있고 참취도 있다. 여러 가지 나물을 함께 뜯으면 금방 배낭을 채울 수 있다.

참나물은 생으로 먹어야 맛과 향을 그대로 느낄 수 있다. 데쳐서 초고추장에 새콤달콤하니 무쳐도 좋지만, 일단 데치면 약간 질겨지고 맛도 향도 반감한다. 싱싱한 생것을 쌈으로 먹으면, 산나물이 거의 다 그렇지만 참나물은 특히 은은한 맛과 향이 너무 좋다. 오죽하면 나물 중의 나물 참나물이라고 했을까. 참나물은 맛도 향도 연하기 때문에 마늘이나 파를 곁들여 고기를 싸먹는 것보다는 밥을 싸먹으면 훨씬 진한 감칠맛을 느낄 수 있다.

참나물

참나물은 대도 잎도 가늘고 여리기 때문에 오래 보관할 수는 없다. 4~5일만 지나도 시들고 잎이 누렇게 뜨는데, 그리되면 질기고 맛이 없다. 냉동을 하면 질겨져서 전혀 먹을 수 없고, 말려서 묵나물로도 먹을 수 없다. 오직 생것으로 먹어야 하는데, 길쭉길쭉한 그대로 겉절이를 하면 맛이 기막히게 좋다. 양념이 들어가기 때문에 향은 반감하지만, 씹히는 감촉과 맛은 생 쌈 못지않다. 약간 새콤하니 시어도 독특한 맛을 즐길 수 있다. 잎 끝을 자르고 줄기 부분만 곰취처럼 장아찌를 담가도 좋지만 오래 두면 약간 질겨진다.

참나물의 효능

참나물의 성분은 뚜렷하게 밝혀진 바는 없고, 다만 철분이 풍부하게 함유되어 있어 빈혈에 좋다고 한다. 한방에서는 혈압강하, 간염, 대하, 강장, 빈혈, 폐염, 정혈, 지혈, 해열, 중풍예방, 신경통 등에 쓴다고 기록되어 있다. 참나물은 씹히는 촉감이 부드럽고 독특한 향이 짙어 봄철 입맛이 없을 때 입맛을 돌게 하여 식욕을 증진시키는 효능이 있다.

또한 참나물은 뇌의 활동을 활성화시켜주는 효능이 있어 치매 예방에도 효과가 있는 것을 알려졌으며, 자주 섭취하면 눈이 밝아지고 체질이 개선되며 간장기능 강화에 효과가 있다고 한다.

15. 곤드레

'곤드레'라는 산나물은 엇비슷한 이름까지 사전에도 없고, 식물도
감에도 없다. 사진으로 보면 비슷한 식물이 있긴 있으나 자세히 보면
곤드레가 아니었다. 곤드레는 강원도 영서지방 사람들이 부르는 나
물 이름으로 타지방 사람들은 알지 못한다. 이 책을 쓰기 위해 여러 방
면으로 자료를 찾다가 마침내 국어사전에서 찾아냈는데, '고려엉경
퀴'라는 학명이 있었다. 고려엉경퀴는 엉거싯과의 다년생 식물로 한
반도 특산종이라고 하니 귀한 나물임에 틀림없다.

경상북도 북부지역과 충북 영서지역 사람들은 더러 곤드레를 알
고 있지만, 강원도 산골 사람들은 곤드레를 모르는 사람이 없을 것
이고, 쉰이 넘은 어른들이라면 구수한 곤드레밥과 곤드레 된장국 맛
을 잊지 못할 것이다.

강원도 사람들이 즐겨 부르는 정선아리랑 가사 중에 곤드레가 들
어간 노래가 더러 있다. 나는 지금도 산나물 산행을 가면 정선아리
랑을 곧잘 흥얼거린다.

한치 뒷산에 곤드레 딱죽이 임의 맘만 같다면
올 같은 흉년에도 봄 한철 살겠네
아리랑 아리랑 아라리요
아리랑 고개 고개로 나를 넘겨주소.
앞산에 곤드레 이밥취 무슨 죄를 졌길래
봄처녀 손끝에 칼침을 맞느냐

곤드레 성체

아리랑 가사에도 나오듯이 곤드레는 구황나물이었다. 딱죽이는 뒤에 따로 언급하겠거니와 잔대의 싹인데, 보릿고개의 구황나물인 곤드레와 딱죽이가 나를 생각해 주는 임의 마음처럼 많이 나 준다면, 올해 같은 흉년에 봄 한철 살겠다는 애절한 바램을 노래한 것이다.

'아리랑 고개고개로 나를 넘겨주소.' 하고 애절하게 부르는 정선 아리랑의 후렴은 본 가사의 두 구절에 따라 아리랑 고개의 의미가 달라진다고 말할 수 있다. 위의 가사처럼 구황나물인 곤드레 딱죽이를 노래했다면, 후렴의 아리랑고개는 넘기 힘든 배고픔의 고개, 보릿고개일 것이다.

앞산에 딱따구리는 생 구멍도 뚫는데

우리집 저 멍텅구리는 뚫어진 구멍도 못 뚫네
아리랑 아리랑 아라리요
아리랑 고개고개로 날 좀 넘겨주소

그렇다면, 위의 가사 두 구절에 대한 후렴의 아리랑고개는 사랑에 굶주린 아낙이 기를 쓰고 넘으려 해도 넘을 수 없는 사랑의 고개일 것이다. 밭은 숨을 입에 물고 넘으려 넘으려 애를 쓰다가 고개 마루턱에서 그예 넘지 못하고 주저앉아야 하는 그 안타까운 애욕의 고개…….

하고 많은 산나물 들나물 중에서도 밥을 해먹을 수 있는 나물은 딱 두 가지밖에 없는데, 들나물로는 질경이요, 산나물로는 곤드레다. 그래서 강원도 산골에서는 옛부터 곤드레를 귀하게 여겼다. 곤드레는 죽도 쒀먹고 국도 끓이고 기름에 볶아먹기도 한다. 곤드레밥은 질경이밥 하는 요령과 비슷하다.

질경이처럼 데쳐서 밥을 해도 되지만, 곤드레는 잡맛이 없고 맛이 순하므로 생것을 아욱처럼 손으로 으깨서 넣고 밥을 지어도 외려 맛이 더 좋다. 곤드레는 밥을 해도 죽을 쒀도 질경이보다 부드럽고 맛도 훨씬 더 좋다. 아무리 많이 먹어도 뒤탈이 없고, 냄새나 잡맛이 없기 때문에 질리지도 않는다.

곤드레밥은 이제 강원도 영월이나 정선, 평창의 유명한 먹거리로 소문이 났고, 전국에서 곤드레밥을 먹으러 여행을 온다. 뿐만 아니라 수도권 일부와 서울에도 곤드레밥을 주식단으로 내놓는 식당도 속속 생겨나고 있다. 이에 따라 강원도 정선과 영월, 평창지역에는 곤드레를 재배하는 농가가 늘어나고 있다니 반가운 현상이다.

우리가 여남은 살 어릴 적에는 아이들이 마구 뛰어 다니며 놀면 어른들한테 혼쭐이 나고는 했었다. 비싼 밥 먹고 배 꺼지게 왜 망아지처럼 들구 뛰냐는 나무람이다. 기나긴 봄날, 없는 집 아이들은 배가 꺼질까봐 양지쪽에 모여 앉아 공기놀이를 하던가, 실뜨기를 하던가, 고누를 두며 가만 앉아 있어도 배고픔을 참기 힘들었다.

그렇지만, 낟알이 혹 가다 섞인 나물죽 나물밥이나마 배불리 먹은 아이들은 경중경중 잘도 뛰어 놀았다. 특히 곤드레밥을 먹으면 실컷 뛰어 놀아도 배가 쉬이 꺼지지 않고 속이 든든해서 좋았다.

곤드레는 생으로 먹지 않는다. 생으로 먹어도 맛은 그런 대로 괜찮지만, 잎 앞뒷면과 줄기에 까실한 잔털 같은 것이 있어 씹는 감촉이 좀 거칠다. 지금은 예전처럼 구태여 곤드레밥이나 죽을 쒀먹을 수는 없을 것이고, 된장국을 끓이면 구수하니 맛이 그만이다. 굳이 맛을 비교한다면 근대국과 비슷할 것이다. 곤드레는 생것으로 보기에는 거칠고 뻣뻣한 것 같아도 익으면 아주 부드럽다. 데쳐서 들기름에 볶아도 좋고, 된장찌개를 보글보글 끓여 건져 먹으면 맛이 기막히다. 국이든 찌개든 데친 것을 넣어도 되고, 생것으로 넣으면 향이 더 짙어서 좋다.

곤드레는 깊은 산에만 자생한다. 인적이 드문 깊고 높은 산에 참취가 많이 나는 지역이면 곤드레도 많다. 곤드레가 밀생하는 것은 보지 못했는데, 참취처럼 그리 많지는 않지만, 외대로 촘촘하게 자라는 것은 볼 수 있다. 자라는 모양도 참취와 비슷한데, 잔털이 난 것처럼 까실한 잎이 길쭉하고 참취 잎보다 훨씬 더 작다. 곤드레는 잎 나기 또한 참취와 매우 다르다. 보통 엉거싯과 산나물처럼 잎이 대칭으로 어긋나는 것이 아니라, 줄기를 돌아가며 사방으로 어긋난다. 잎이 많기 때문에 곤드레는 조금만 뜯어도 분한이 많다.

곤드레 꽃

곤드레의 성분과 효능

곤드레는 타라카스테린 아세테이트, 스티그마스케롤, 배타아말린, 단백질, 칼슘, 비타민A가 다량 함유되어 있어 피를 맑게 하며 소염작용을 하여 각종 성인병에도 효험이 있는 건강식품이다.

곤드레 100g당 칼로리는 275kcal이고, 단백질 5.6, 지질 2.8, 당질 66.5, 칼슘 51mg이 함유되었다. 이러한 성분들은 간세포막의 변화를 안정시킴으로써 간세포에 대한 직접적 보호 작용을 하며, 정력을 보강하는 것으로 널리 알려져 있다.

한방에서는 엉겅퀴를 조방가새 또는 대계大薊라 하며, 이뇨, 해독, 소염작용이 있어 타박상이나 부스럼, 종기 등을 비롯한 악성종양에

도 효과가 좋다고 한다. 또한 혈액의 정상 순환을 방해하지 않도록
다스리며, 지혈작용이 있어 토혈, 코피, 잇몸출혈, 대변출혈, 소변출
혈, 자궁출혈 등에 쓴다.

동의보감에는 고려엉경퀴의 약효를 다음과 같이 기록했다. '성질
은 평平하고 맛은 쓰며苦 독이 없다. 어혈이 풀리게 하고 피를 토하
는 것, 코피를 흘리는 것을 멎게 하며 옹종과 옴과 버짐을 낮게 한다.
여자의 적백대하를 낮게 하고 정精을 보태 주며 혈을 보한다.' 약초
문헌과 기록을 보면 곤드레는 만병통치에 가까운 약효가 있음을 알
수 있다. 그러나 산나물을 약으로 알기 보다는 건강식품으로 내 손
으로 채취하여 내 손으로 조리하여 먹는 그 멋과 맛에 심취하면 건
강은 저절로 지켜 질 것이다.

16. 모싯대

모싯대는 초롱꽃과에 딸린 다년생이다. 모싯대를 '게로기'라고도
하고, 한방에서는 뿌리를 제니薺苨라 하여 약제로 쓴다. 모싯대도 영
아자 처럼 꺾으면 하얀 즙액이 나오는데, 자라는 모양도 그렇고 쌉
쌀한 맛도 은은한 향기도 영아자와 아주 흡사하다.

나물 산행을 할 때의 점심 반찬은 고추장 한가지면 그만이다. 일
행끼리 나무그늘에 모여 앉아 서로 뜯은 나물을 펼쳐놓고 모싯대며
곰취, 참취에 찬밥을 싸 먹으면 그야말로 신선이 따로 없다. 게다가
술을 좋아한다면, 돼지 족발을 사서 배낭에 넣고 가면 그날 산행은
마냥 즐거울 것이다.

곰취에다 모싯대를 두세 줄기 얹고 두툼한 고깃점을 싸서 볼이 터

모싯대

지게 씹어보면, 그 맛을 모르고 죽은 사람들이 불쌍해지고, 살아 있는 보람이 뿌듯하게 느껴진다. 한데 참 이상한 것이, 똑같은 나물인데 집에 와서 먹으면 그 좋던 맛을 그대로 느낄 수가 없다. 뜯은 지 이미 몇 시간 지났고, 뜯을 때의 그 즐거움도 가신 뒤라서 그런지도 모르지만 아무튼 산나물은 즉석에서 먹어야 그 나물 본연의 맛을 제대로 알 수 있다는 것을 체험으로 알았다.

모싯대는 맛도 향도 영아자와 비슷하지만 생육환경은 사뭇 다르다. 영아자는 마을 앞 뒷산이나 계곡의 습지에서도 자생하지만, 모싯대는 야산에 없다. 습지에서도 자라지 못하고 거친 자갈밭이나 모래땅에도 없다. 잡목이 우거진 반경사면에서 잘 자라는데 자생면적이 넓지는 않지만 듬성하게 군락을 이룬다.

모싯대는 영아자보다 보름 정도 늦게 난다. 모싯대를 먹을 때쯤이면 영아자는 이미 쇠어서 맛이 없다. 다른 풀이나 산나물과 달리 모싯대는 당년에 대궁이 올라오지 낳는다. 2~3년간은 잎만 두세 잎씩 나다가 3~4년이 지나야 비로소 꽃대가 올라온다. 아무리 생육조건이 좋아도 어린 꽃대는 그리 굵지 않다. 연필 굵기 만한 것들도 있는데, 그런 것들은 뿌리가 5~6년은 묵었을 것으로 나는 짐작한다. 그래서 그 뿌리가 약이 되는 지도 모른다.

참취나 참나물이 나는 지역에서도 모싯대가 나고, 모싯대만 군락을 이루는 지역도 있지만 흔한 나물은 아니다. 모싯대도 영아자처럼 생으로 먹어야 맛과 향이 좋다. 데치거나 장기간 보관을 할 생각은 말아야 한다. 가지런하게 간추려 위생봉지에 넣어 세워서 보관하면 일주일 정도는 두고 먹을 수 있다.

모싯대의 효능

모싯대 뿌리 제니薺苨의 주성분은 유기산인데, 푸마르산, 구연산 및 말산이 이눌린이 함유되었으며, 이중 말산의 함유량이 많다. 잎에는 과당과 자당이 검출되었는데, 당의 함량이 과당보다 7배 정도 들어 있고 특히 비타민B2, 니아신 이 함유되어 있다. 또한 모싯대는 사포닌의 조단백질과 회분함량이 많아 영양가가 높다. 한방에서 거담, 해독, 강장, 간염, 위장병, 만성식체, 식욕부진, 간암 등에 효능이 있어 많이 이용되고 있고 해독작용도 하므로 종기, 벌레 물린데나 뱀에 물린데 제니의 즙을 바르기도 한다.

17. 삽주싹

삽주싹은 한약제로 널리 쓰이는 창출蒼朮과 백출白朮의 싹이다. 약제로 쓰는 뿌리는 가을에 채취하지만 싹은 봄에 나물로 먹는데 고급 나물에 속한다. 창출과 백출은 뒤에 구근류球根類를 다룰 때 따로 설명하기로 한다. 삽주는 야산이나 깊은 산이거나 간에 돌서덜 지대만

삽주싹

아니면 어디든 나는 비교적 자생력이 강한 산나물이다.

삽주도 엉거싯과에 딸린 다년생인데, 꺾으면 하얀 진이 나온다. 혀끝으로 즙액 맛을 보면 쌉싸름 하면서도 향긋하다. 손에 묻으면 끈적끈적하고 옷에 묻으면 금방 시커멓게 변하는데, 뿌리에서도 즙액이 나오는 걸 보면 그 흰 즙액에 약효가 있는지도 모른다.

삽주싹은 한 뼘 이상 자라면 벌써 쇠어지기 때문에 반 뼘쯤 자랐을 때 뜯어야 한다. 싹이 돋아 자라면서 밑동부터 쇠는데, 여기저기 많기는 하지만 대궁이 워낙 가늘어서 아무리 뜯어도 분한이 없다. 흙살이 좋은 반 음지 숲에서는 제법 살이 올라 통통한 싹을 뜯을 수 있는데, 참취나 다른 나물들과 함께 자라므로 섞어 뜯어야 한다.

삽주싹은 흔하지만 뜯기는 귀한 나물이다. 기를 쓰고 하루 종일 뜯어도 집에 와서 골라보면 두서너 모숨, 많아야 네댓 모숨이다. 그것도 삽주싹에 주력하겠다고 마음먹고 뜯어야 그렇다. 먹기도 아까울 만큼 귀한 나물이지만, 생으로 먹으면 씁쌀하고 옅은 한약 향기가 나는 듯 마는 듯 은은해서 맛이 좋다. 처음 먹어보는 사람은 그 향이 싫다고도 하지만, 취나물이나 모싯대 등 두세 가지 나물을 한데 섞어 쌈을 싸먹으면 한결 맛이 별나다.

그러나 삽주싹은 뭐니뭐니해도 죽을 쑤어 먹어야 제 맛이다. 삽주싹을 모아 두었다가 된장을 엷게 풀고 생것을 그대로 넣고 죽을 쑤면 보약이 따로 없다. 옛날에는 배탈이 났을 때 삽주죽을 쒀먹었고, 영양실조로 부황이 들어 얼굴이 붓고 살가죽이 누렇게 떴을 때 삽주죽을 먹으면 금방 부기가 가라앉고 화색이 돈다고 하였다. 그래서 삽주싹도 구황나물에 속한다.

양이 많지 않으면 여러 가지 잡나물과 섞어 데쳐 나물로 먹어도 맛있고, 두서너 모숨만 된다면 생것을 넣고 된장찌개를 끓이면 독특한 맛이 난다. 삽주싹은 귀한 나물이라 보관할 만큼 많지 않기 때문에 제철에 신경 쓰고 뜯어서 몇 번 맛보는 것으로 만족해야 한다.

삽주싹의 성분과 효능은 '제3장 구근류'에서 다룬다.

18. 잔대싹(딱죽이)

잔대는 초롱꽃과의 다년생인데, 뿌리는 약제로 쓰기 때문에 뒤에 따로 언급한다. 앞에서도 말했듯이 잔대싹을 강원도에서는 딱죽이라고 하며 귀한 나물로 여긴다. 잔대는 종류가 많고 싹 모양도 조금

잔대싹

씩 다르다. 특히 가는잎잔대는 나리잔대라고도 하고 강원도에서는 말잔대라고 하는데 잎이 길쭉길쭉해서 모양이 영판 다르다. 그밖에 넓은잎잔대, 왕잔대, 두메잔대, 섬잔대가 있는데, 제주도에 주로 많은 섬잔대는 뿌리도 굵고 싹도 실한데 잎과 대궁이 희읍스레하니 잔털이 있다.

잔대는 비교적 싹이 일찍 돋는다. 삽주싹과 마찬가지로 반 뼘쯤 자랐을 때가 연하고 향이 짙다. 잔대도 흔하게 눈에 띄지만 막상 캐거나 뜯으려고 나서면 귀하다. 다른 나물들과 함께 눈에 띄는 대로 뜯는데, 꺾으면 하얀 진이 나온다. 하얀 즙액이 있는 산나물은 무조건 몸에 좋다고 나는 믿는다.

잔대싹 맛은 모싯대와 엇비슷한데 쌉싸름하면서도 특유의 배릿한 맛과 향기가 있다. 크기가 삽주싹과 비슷해서 하루 종일 뜯어도 두서너 모숨이 고작이다. 워낙 귀한 나물이라 데칠 것이 없고, 생으로 쌈을 싸먹으면 맛도 향도 좋다. 처음 먹어보는 사람은 배릿한 향을 싫어하기도 하지만, 모싯대나 참취 잎과 함께 쌈을 싸면 특유의 향이 없어진다. 마음먹고 신경을 좀 써서 뜯으면 제법 뜯을 수 있는데, 좀 낙낙하게 뜯었다면 살짝 데쳐 깨소금과 참기름을 듬뿍 넣고 무쳐 먹으면 그건 진짜 보약이다. 잔대는 인삼을 능가하는 강정효과가 있다고 하니 싹도 보약이 아닐 수 없다.

잔대는 깊고 높은 산보다는 야산에 더 많다. 숲이 우거진 응달보다는 양지에 주로 나고 흙살이 깊어 생육조건이 좋은 지역에서는 대궁이 연필 굵기 만한 것도 흔히 볼 수 있다. 그런 것들은 캐보면 뿌리도 굵기가 손아귬이 벌고 길이도 한 자가 넘는 것도 더러 있다.

19. 승검초(당귀)

승검초는 한자로 신감채辛甘菜라고 하는데, 그 뿌리가 바로 귀한 약제인 당귀다. 미나릿과의 승검초를 시골 사람들은 보통 참당귀라고 한다. 남쪽지방의 야산에는 없고, 지리산의 깊은 계곡이나 중부 이북지방에만 나는 우리나라 특산종이라고 하니 귀한 나물이고 귀한 약제임에 틀림없다. 당귀는 옛부터 재배도 많이 하는데, 야생의 승검초와 같은 종류인지는 모르겠다.

승검초는 깊은 산의 험한 계곡이나 높은 산의 습지대에 주로 자생한다. 볕바른 양달에는 없고 박달나무, 느릅나무, 팽나무 등 온갖 잡목이 무성한 골짜기의 습지에 많이 난다. 그만큼 채취하기도 힘든 귀한 약제이고 산나물이다. 승검초로는 떡에서부터 강정, 다식, 단자, 차까지 못해먹는 음식이 없을 정도다.

그러나 옛날에는 승검초가 많아 그러한 음식들을 많이 해먹었는

승검초

지 모르지만, 지금은 워낙 귀해서 그런 음식들은 꿈도 못 꾼다. 한 해 한두 번 높은 산에 나물을 갔을 때 더러 뜯을 수 있는데, 한 뿌리에서 세네 대궁씩 올라오고 잎도 퍼들퍼들하니 탐스럽다. 대궁 밑동의 굵기가 손아귀에 버는 것도 있고, 쭉 뻗어 올라간 대궁 위에서 가지가 셋으로 갈라진다.

승검초 대궁을 갈증이 날 때 먹으면 수분이 많아 금방 갈증이 멎고 시장기도 면하게 되는데, 맛도 향도 좋아 자꾸만 먹게 된다. 어린 것은 먹을 게 별로 없으므로 구태여 뜯을 필요가 없고, 굵고 실한 것만 한 포기에서 한두 대궁씩 특히 꽃대를 남겨두고 뜯는 것이 가을에 캘 뿌리를 위해서도 좋고, 세세연년 두고두고 먹을 수 있는 비결일 것이다.

세 갈래로 갈라진 승검초 잎도 손바닥만큼씩 실하다. 줄기도 잎도 실하기 때문에 여남은 대궁만 뜯어도 배낭이 뿌듯하다. 잎은 생으로 쌈을 싸면, 매운 듯하면서도 달착지근한 맛과 짙은 당귀 향에 정신이 하나도 없다. 특히 삼겹살을 싸먹으면 맛이 그저 그만이고, 승검초 쌈을 먹은 입으로 금방 술을 마시면 술맛이 감탄이다. 담배를 피워 물어도 담배 연기가 꿀물이 되어 목구멍으로 그냥 넘어간다. 댐배 연기가 설탕물처럼 달다는 말이다.

약간 쇤 듯싶은 잎은 데쳐서 쌈으로 먹어도 맛이 그만이고, 얼렸다가 쌈으로 먹어도 맛과 향이 그대로다. 대궁은 생으로만 먹는데, 양쪽 끝 꺾어진 부분을 가위로 잘라 냉장실에 보관하면 일주일간 두고 먹을 수 있다. 모든 산나물을 생으로 냉장실에 보관할 때는 줄기 꺾어진 부분을 가위로 잘라야 끝 부분이 상하지 않는다.

승검초는 곰취가 나는 높은 산의 청정지역에 지역에 주로 난다. 곰취와 승검초를 함께 뜯어다 곰취와 섞어 장아찌를 담으면 그 맛과 향이 곰취보다 좋다.

승검초의 효능도 '구근류'에서 다룬다.

20. 고추나물

고춧잎나무

갈잎좀나무과에 속하는 고추나무라는 나무가 있다. 좀나무 종류는 무척 많다. 키가 작고 원줄기가 뚜렷하지 않으며 밑동에서부터 여러 갈래로 갈라져 자라는 나무들을 통틀어 좀나무 또는 떨기나무라고 말한다.

고추나무 역시 키가 커야 2~3m 쯤 되는데, 잎 모양은 고춧잎 비슷하지만 훨씬 작다. 순이 피기 시작하면 이내 어깨형으로 잎가지가 버는데 그맘때가 채취의 적기다. 나무의 순이기 때문에 10여 일만 지나도 쇠어서 먹지 못한다.

야산의 산자락이나 계곡의 개울가 습한 지역에 주로 자생하며 개체별로 군락을 이루는데, 여자들이 힘 안들이고 심심풀이로 뜯기에 적당한 나물이다. 화창한 봄날 두세 가족이 나들이 삼아 산나물 산행을 한다면, 남자들은 깊은 계곡이나 높은 산에 올라가 고급 나물을 뜯고, 산행이 힘든 여자들이나 아이들은 산자락을 뒤져보면 의외로 먹을 만한 산나물을 제법 뜯을 수 있다. 그 중에서 손쉽게 뜯을 수 있는 것이 고추나물이다.

고추나물은 잎이 자잘해서 뜯는 분한은 없지만, 돌아다니며 시간을 낭비하지 않기 때문에 여자들이 차분하게 서너 시간만 뜯어도 뿌듯한 성취감을 맛볼 수 있을 만큼 수확이 짭짤하다. 고추나물을 고춧잎나물이라고도 하는데, 맛이 고춧잎처럼 매콤하고 알싸해서 붙여진 이름일 게다.

고춧잎은 야채 중에서 비타민C가 가장 많이 들어 있다고 한다. 그렇다면 모양도 맛도 비슷한 다년생 나무의 잎인 고추나물도 그에 못지않을 것이라고 생각하면, 나물 뜯기가 한결 더 즐거울 것이다.

고추나물은 생으로 먹지 못한다. 나물 자체가 연하기 때문에 끓는 물에 넣었다 건지는 식으로 살짝 데쳐 건진다. 산나물을 삶을 때는 언제나 소금을 조금 넣으면 나물 색이 누렇게 변하지 않아 시각 상으로도 싱싱해서 보기에도 좋다.

뜯어온 양이 적다면 다른 나물들과 섞어도 되지만, 어느 정도 된다면 고추나물만 무치는 것이 맛도 향도 좋다. 초장에 무쳐도 맛있고, 들기름에 살짝 볶으면 진한 고추나물 향을 그대로 맛볼 수 있다.

우리 산행친구 부인중에 하나는 다른 나물 다 젖혀두고 오직 고추나물만 뜯는데, 나름대로 조리 요령도 터득해서 두고두고 맛있게 먹는다고 한다. 한두 쾌기씩 뭉쳐 봉지에 넣어 얼려두면 오래도록 두고 먹을 수 있다. 워낙 연하기 때문이 얼렸다 녹여도 질기지 않아 감촉도 맛도 부드럽다. 눈이 푹 빠진 한겨울에 고추나물을 들기름에 볶아 밥을 비벼 먹으면 봄을 맞이하는 기분이 든다.

고춧잎 꽃

고춧잎나무의 성분은 명확히 밝혀진 것이 없고 다만, 한방에서 뿌리와 열매에 지혈, 이뇨의 효능이 있다고 하며, 산후 어혈, 기관지염에 효능이 있다고 한다.

21. 다래순과 싸리순

다래 넝쿨을 배 같은 열매가 달리는 등나무 넝쿨이라 하여 한자로는 등나무 등藤자를 써서 등리藤梨라고 쓴다. 다래 넝쿨의 열매가 다래라는 것을 모르는 사람은 없을 것이고, 한방에서는 미후도獼猴桃라하여 약으로 쓰는데, 뒤에 제4장 '야생과실'에서 따로 언급한다.

다랫과의 넝쿨이 우리나라에 서너 종류가 있다. 쥐다래, 개다래가 있는데, 넝쿨 모양도 다르고 열매도 다르다. 쥐다래, 개다래는 순도 열매도 먹을 수 없다. 쥐다래와 개다래 넝쿨은 왕성하게 자라지 못하고, 넝쿨이 빈약하고 순이나 열매도 자잘하기 때문에 쉽게 구별할 수 있다.

남해안 바닷가 산이나 섬에는 섬다래라는 약간 다른 종류의 다래가 있다. 잎과 넝쿨은 다래와 비슷한데 열매가 보통 다래처럼 하나씩 열리는 것이 아니라 포도송이처럼 뭉쳐서 열린다. 익을 때 가보지 않아 그 맛은 모르지만, 열매도 먹고 줄기도 약으로 쓴다고 한다.

다래순

　다래 넝쿨은 계곡의 양쪽 비탈이나 깊은 산 마른 계곡의 돌서덜지대 주변에 잡목을 감고 올라가 무성하게 뻗어 나가는 넝쿨나무다. 이른 봄에 넝쿨줄기에서 눈마다 새순이 돋는데, 실한 것은 연필 굵기 만큼씩 하다. 다래순이 손가락 크기만큼씩 자랐거나 한 뼘쯤 자랐을 5월 중순부터 6월초까지 딸 수 있다. 다래넝쿨은 아무 데나 워낙 많기 때문에 마음먹고 따면 제법 많은 수확을 볼 수 있다.

　다래넝쿨은 흔하고 왕성하게 뻗어 나가기 때문에 같은 넝쿨에서 해마다 따도 번성에 별로 지장이 없다. 다래순을 따기는 재미도 있고 쉽다. 여자들도 힘 안들이고 비교적 손쉽게 딸 수 있으므로, 화창한 봄날 부부가 산행을 해서 다래순을 따다 말려두면 겨우내 돈 안들이고 보약을 먹을 수 있다.

싸리순은 광대싸리 나무의 순이다. 광대싸리 나무를 한자로 호목 楛木이라 하고, 옛날에는 호목으로 만든 화살을 호시楛矢라 하여 가볍고 강해서 고급 화살로 쳤다고 한다. 광대싸리 나무는 커봐야 2~3m쯤 자라는데 이상하게도 다래넝쿨 주변에 많다. 그래서 주로 다래순과 함께 따게 되는데, 새순이 다닥다닥 붙어 나기 때문에 따기도 재미있다.

다래순과 싸리순은 두 가지를 한데 섞어도 괜찮지만 금방 먹을 수 없는 나물이다. 오직 데쳐 말려서 묵나물로 먹는 방법밖에는 없다. 한겨울에 다래순 묵나물을 다시 삶아 기름에 볶거나 된장에 무치면 잡맛이 없는 구수한 맛이 일품이다. 맛과 향이 짙은 나물에 양념을 많이 하면 나물 향이 죽지만, 다래순은 구태여 향을 음미할 필요가 없어 또 그런 대로 좋다. 마늘을 비롯한 양념을 듬뿍 넣고 들기름에 볶아 밥을 비벼먹으면, 나물이 부드러워 씹는 감촉도 좋아 식욕이 절로 동한다.

산나물 반찬으로는 밥을 많이 먹어도 살이 찌지 않는다. 산나물을 심심하게 조리를 해서 많이 먹을수록 변비 걱정 없고 살이 빠진다고 한다. 시래기를 비롯한 말린 나물을 많이 먹으면, 체내에 축적된 중금속과 몸에 해로운 공해물질을 깨끗이 씻어 낸다고 한다. 나물 반찬을 많이 먹고 이튿날 대변을 보면 속이 시원하고 기분이 상쾌하다. 보약이 왜 따로 필요할까.

다래 넝쿨은 다양한 약효와 약재로 쓰인다. 잎은 나물로 먹으며, 열매는 머루와 함께 우리나라 대표적인 야생과실이다. 넝쿨의 수액 역시 자양분이 풍부한 약재로 쓰인다. 다래 넝쿨 수액은 고로쇠나무와 같은 2월 말경부터 받을 수 있는데 받기도 쉽다.

굵은 다래 넝쿨의 줄기를 지상에서 1미터 정도에 자른다. 자른 부위를 깨끗하게 다듬은 다음 말들이 물통에 넣는다. 다래 넝쿨과 물통이 움직이지 않게 고정시켜놓고 이튿날 가보면 거의 한 통씩 다래 수액이 차있다. 다래 넝쿨은 생육이 왕성하기 때문에 수액이 많이 나온다. 한 줄기에 며칠을 두고 받을 수 있으므로 많은 량을 채취할 수 있다.

다래순의 효능

대래순의 성분은 따로 밝혀진바 없고 다만 한방에서는 위암, 식도암, 유방암, 간염, 관절염 등에 효험이 있다고 한다. 다래순 묵나물은 간경화, 소갈증, 고혈압 같은 질환에도 효험이 있다고 한다.

다래수액의 성분과 효능

다래나무는 『동의보감』에 "심한 갈증과 가슴이 답답하고 열이 나는 것을 멎게 하고 결석치료와 장을 튼튼하게 하며 열기에 막힌 증상과 토하는 것을 치료하고, 피로회복, 항암효과, 신장염 등에 약효가 있다"고 기술되었다.

다래수액은 칼슘, 칼륨, 마그네슘, 아미노산, 비타민C 등 미네랄이 풍부한 천연약수로 여성의 골다공증과 당뇨병, 위장병, 심장병 등에 탁월한 효과는 물론 이뇨작용이 고로쇠 수액을 능가해 몸속의 노폐물을 배출시키는데 큰 효과가 있다는 것이 밝혀졌다. 또한 다래 수액은 특히 젊은 여성의 성기능 장애(질 건조)에 효능이 있으며, 알칼리성이어서 산성화된 체질을 개선하는데도 도움을 주는 것으로 알려졌다.

뜯고 따고 캐고 맛보고 즐기는

산야초 기행

칡꽃

진황정

야생오미자

잔대싹

더덕취

참취

야생복분자

다래순

두릅

죽대

원추리 꽃

도라지싹

영아자

뜯고 따고 캐고 맛보고 즐기는

산야초 기행

국학자료원

책머리에

지난겨울은 별나게 춥고 눈도 많이 내렸다. 지난 해 여름부터 비가 잦더니 그 버릇이 겨울까지 가서 눈도 잦았나보다. 게다가 구제역과 조류독감까지 겹쳐 온 나라가 홍역을 치렀다. 그 끔찍한 상황은 다시 떠올리고 싶지 않은 악몽이었다.

가축을 자식처럼 애지중지 기르던 사람들의 마음은 오죽할까 만은 이것은 인간의 과욕과 태만이 부른 인재人災가 분명하다. 하지만, 자연은 거두어 간만큼은 되돌려 준다는 진리를 깨닫는다면, 지난 시련을 거울삼아 닥쳐올 시련도 마음의 여유를 갖고 대처할 수 있지 않을까 생각해 본다.

나는 강원도 산골에서 태어나 유년을 보냈다. 고향을 떠나 서울에 살면서도 산이 좋아 틈만 나면 산을 찾았다. 산행을 하면서 눈에 띄는 산나물을 보고 어릴 때 먹었던 그 맛을 잊을 수 없어 뜯기 시작했다. 산골에서 자랐지만 나는 산나물을 뜯어 본 기억은 별로 없고, 먹은 맛의 기억은 또렷해서 처음에는 눈에 익은 산나물 두세 종류만 채취했다.

그렇게 한두 해 세월이 지나다보니 꽤 여러 가지 산나물을 알게 되었다. 뿐만 아니라 1990년대 초에는 서울을 떠나 네댓 해 동안 산골에 가 있은 적도 있었는데, 마을 사람들과 어울리면서 자연스레 산나물과 들나물, 약초며 여러 가지 야생과실들을 더 많이 알게 되고 그 맛의 신비함도 깨닫게 되었다.

그 뒤부터 더욱 산이 좋아져서 산행을 계속하며 여러 가지 산야초들을 관찰하며 채취하게 되었다. 그러한 산행을 30여 년 동안 하다 보니, 이제는 각기 다른 산야초들의 자생지며 그 주변의 환경과 자라는 습성, 채취 시기와 경험에 의한 조리법, 저장방법까지 터득하게 되었다.

시중 서점에는 식물도감을 비롯하여 산야초를 다룬 책들이 많지만, 그 사진들 모두가 꽃을 피운 성체性體를 찍었다. 그러나 이 책에 실린 사진들은 산나물을 모르는 사람이라도 쉽게 가려낼 수 있고, 뜯는 그 자리에서도 먹을 수 있는 종류를 구분할 수 있도록 내 손으로 사진을 찍고 다루었다.

이 책에 나오는 60여 종의 임산물 중에 다만 두세 가지만이라도 맛을 알고 취향을 길들이게 된다면, 인생은 그만큼 행복해 질 것이라고 나는 감히 말할 수 있다. 산나물을 뜯고 약초를 채취 한다는 그 행위보다도 산을 타는 그 자체가 몸도 마음도 건강해지는 지름길임을 모르는 사람은 없을 것이다.

사람들의 취향과 기호도 가지각색이라, 모든 사람들이 내 취향에 동감하리라고는 생각지 않는다. 그러나 한 달에 한두 번이라도 산이나 들에 나갈 기회가 있다면, 달래나 냉이 몇 뿌리, 취나물 한 잎이라도 내 손으로 채취하는 성취감과 내 손으로 뜯은 산나물을 조리해

먹는 그 맛과 즐거움을 느껴 보는 것도 괜찮을 것이다.

요즈음 온 세상이 네발가진 짐승의 구제역과 광우병, 조류독감으로 발칵 뒤집혀 들끓고 있다. 이 모두가 지구상의 모든 인간들이 그동안 알고 모르고 저지른 과오에 의한 재앙이다. 인간은 그 동안 너무 지나치게 짐승의 고기를 먹었고, 그 수요를 충족시키기 위해 거역할 수 없는 자연의 섭리까지 거리낌 없이 역행했다. 이제부터라도 누구를 탓하기 전에 나 자신을 돌아보고 반성해야 할 때가 되었다. 인간에게도 '에이즈의 형벌' 보다 더 가혹한 재앙이 내리지 않는다고 누구도 장담할 수 없다.

우리는 그나마 다행으로 서양 사람들처럼 육식을 주식으로 하지는 않는다. 하지만 우리 식탁도 그 동안 알게 모르게 육식 인구가 늘어나고 너무 많이 달라졌다. 게다가 요즘 어린아이들이나 한창 자라는 신세대 청소년들의 입맛은 거의 서구화되었음을 누구도 부인할 수 없다.

그러나 지금이라도 늦지 않았다. 우리 고유의 식단을 하루빨리 되찾아야 한다. 순수한 자연의 음식재료를 선택해서, 내 손으로 내 가족의 식단을 꾸며야 한다. 나는 바로 그 방법을 많은 사람들에게 알리고 싶어 이 글을 쓰기로 작정하고, 그 동안 기록한 자료와 사진들을 한 해 동안 정리했다. 임산물 채취과정에서 감내해야 했던 웃지 못 할 에피소드 등이 많았다. 그 모든 것들을 겪은 만큼, 알고 있는 만큼, 맛을 본 만큼만 글로 옮겼다.

말미에 붙여 강조하거니와, 산을 사랑하고 자연을 아끼는 마음가짐은 산행의 기본이다. 산을 알면 알수록 더욱 자연을 사랑하게 되고, 아울러 자연의 소중함도 깨닫게 될 것이다. 내가 터득한 임산물 채취 요령과 자생지 보호 방법을 이해하고 관심을 갖는 사람이라면, 산나물산행에 재미를 들일 수 있을 것이다. 모든 사람들이 건강하고 행복하게 사는 아름다운 세상이 되었으면 좋겠다.

辛卯年 新春에

朴 忠 勳

다래수액은 인체에 빨리 흡수되어 에너지화하는 유익한 포도당과 과당의 함량이 고로쇠 수액보다 비교되지 않을 정도로 월등히 높았다는 것이 밝혀졌다. 또한 전체 무기물 함량을 비교했을 때도 다래수액은 곱절 이상 높았으며 칼슘, 칼륨, 마그네슘, 나트륨의 함량이 다래수액 중에는 전체 함량의 87%를 차지는 것으로 나타났다고 한다.

22. 고사리

우리나라 사람들이 가장 많이 먹는 산나물이 고사리일 것이다. 제사상에도 빠질 수 없는 나물이 고사리고, 육개장, 보신탕에도 고사리가 들어가야 제 맛이 난다. 고사리를 제사에 쓰기 때문에 옛날부터 값이 비쌌는데, 요즈음은 시장에 나도는 고사리가 거의 중국산이라고 하니 사다 먹기에는 맛도 기분도 씁쓸하다.

고사리는 아득한 옛날부터 인간이 먹었고 그에 관한 고사故事도 많지만, 대표적인 것이 백이伯夷와 숙제叔齊의 이야기일 것이다. 우리나라 제사상에 고사리가 올라가게 된 유래가 바로 백이와 숙제의 고사에서 비롯되었다고 한다.

백이伯夷와 숙제叔齊는 고대 중국 상나라 말기의 형제로, 끝까지 군주에 대한 충성을 지킨 의인으로 알려져 있다. 백이와 숙제는 원래 서쪽 변방에 살던 형제로, 변방의 작은 영지인 고죽군의 후계자였다. 고죽군의 영주인 아버지가 죽자, 이 둘은 서로에게 자리를 양보하며 끝까지 영주의 자리에 나서지 않으려 했다.

이때 상나라의 서쪽에 있는 서주西周의 무왕武王이 군대를 모아 상나라에 반역하려 했다. 무왕의 막하 강태공은 뜻을 같이하는 제후들을 모아 전쟁 준비를 시작했다.
이때 백이와 숙제는 무왕을 찾
아와 간언했다.

"아버님이 돌아가신 후 아직
장사도 지내지 않았는데 전쟁을
할 수는 없다. 그것은 효가 아니
기 때문이다. 주나라는 상나라
의 신하 국가이다. 어찌 신하가
임금을 주살하려는 것을 인이라
할 수 있겠는가."

이에 무왕은 크게 노하여 백
이와 숙제를 죽이려 했으나, 강
태공이 이들은 의로운 사람들이
라 하여 살아나게 된다. 이후 무

고사리

왕은 상나라를 토벌하고 동주와 서주를 통일하여 주나라의 무왕이
되었다.

백이와 숙제는 상나라가 망한 뒤에도 상나라에 대한 충성을 버릴
수 없으며, 고죽군 영주로 받는 녹봉 역시 받을 수 없다며 수양산으
로 들어가 고사리를 캐먹었다. 이때 왕미자라는 사람이 수양산에 찾
아와 백이와 숙제를 탓하며 말했다.

"그대들은 주나라의 녹을 받을 수 없다더니 주나라의 산에서 주나
라의 고사리를 먹는 일은 어찌된 일인가?" 하며 책망하였다.

이에 두 사람은 고사리마저 먹지 않았고, 마침내 굶어 죽었다.

그 뒤부터 고사리는 충신을 상징하는 산채山菜로 제사상에 오르게 되었다지만, 과연 중국에서도 제사상에 고사리가 오르는지는 모르 겠다. 고사리와 나란히 제사상에 오르는 나물 중에 숙주나물이 있 다. 숙주나물은 녹두채綠豆菜라 하여 녹두를 콩나물처럼 기른 나물 인데, 금방 쉬어서 맛이 변한다.

녹두채, 녹두나물인 제 이름을 버젓이 두고 숙주나물이 된 것에도 유래가 있다. 숙주나물이 조선 중기 이후에 고사리와 나란히 제사상 에 오르게 된 이유가 그 이름이 바뀐 유래에서 비롯되었으므로, 아 는 사람은 알겠지만 심심풀이로 덧붙인다.

조선 제4대 임금 세종대왕 때의 집현전 학사 신숙주는 어린 단종 을 부탁한다는 세종대왕과 문종대왕의 유지를 저버린다. 그리고는 성삼문, 박팽년 등 단종을 옹위하던 동지들을 배반하고, 세조에게 붙어 온갖 부귀와 영화를 누린 사람이라는 것을 모르는 사람은 없을 것이다. 그 변절의 상징인 신숙주라는 이름이, 금방 쉬어서 맛이 변 하는 녹두나물로 옮겨 붙어 숙주나물이 된 것이라고 한다.

그 뒤부터 충신을 상징하는 고사리와 변절을 상징하는 숙주나물 을 나란히 제사상에 올려 후손을 경계하는 지표로 삼았다고 전한다. 하지만 정말 그런지는 모르겠으되, 세월과 세상이 상전벽해가 된 지 금도 고사리와 숙주나물을 제사상에 나란히 진설 하는 풍습은 변하 지 않았다.

아무튼 고사리는 4~5천 년 전부터 인간이 먹었다는 기록이 있는 데, 시경詩經 소아小雅편에도 채미采薇라는 시가가 있다. 채미의 채采 자는 캘采자, 미薇자는 고사리 미다.

　채미 채미采薇 采薇: 캐세 캐세 고사리

캐세 캐세 고사리
고사리가 나왔네.
돌아간다 빈말뿐
한 해가 또 저무네.
아내와의 생이별
험윤(獫狁) 때문에.
편히 살지 못함도
험윤 탓일세

캐세 캐세 고사리
고사리가 연하네.
돌아간다 빈말뿐
집 걱정만 늘어가네.

근심으로 마음 태우며
굶주리고 목마른데.
수자리 사는 일은 끝이 없고
귀향한단 소식은 아직도 없네.

험윤獫狁은 오랑캐 험獫 오랑캐 윤狁자로 주나라의 변방을 괴롭히던 북적北狄 오랑캐를 일컫는다. 주나라 병사들이 멀리 변방에 나와 전쟁을 하면서도, 먹을 게 없어 고사리를 캐며 고향을 그리는 노래라고 한다. 위의 가사 외에도 4연四聯이나 더 있는 긴 노래지만 내용이 비슷해서 생략한다.

수양산에서 고사리를 캐먹다 굶어 죽은 백이와 숙제를 두고, 사육신 중의 한 분인 매죽헌梅竹軒 성삼문成三問이 읊은 유명한 절의가節

義歌가 있는데, 절의가를 반박한 시조도 있어 여담 삼아 소개한다.

절의가節義歌

수양산 바라보며 이제백이와 숙제를 한恨하노라
주려 죽을진대 채미采薇도 하는 것인가
아무리 푸샛 것인들 그 뉘 땅에 났더니.

성삼문은 수양대군이 주는 녹은 한 톨도 먹지 않고 곡간에 쌓아둔 채 처형당했다. 차라리 그냥 굶어 죽을 지언정 고사리도 주나라 땅에서 났거늘, 그걸 캐먹으며 살았어야 하는가, 하고 한탄한 시조다.
성삼문의 절의가에 대하여 한참 후대인 숙종 때의 선비 남곡南谷 주의식朱義植이 반박한 시조가 있다.

절개節槪

주려 죽으려고 수양산에 들었거늘
설마 고사리를 먹으려고 캐었으랴
뿌리가 굽은 게 미워 펴 보려고 캤음이라.

주의식이라는 선비인들 성삼문의 절개를 의심해서 그런 노래를 읊었을까마는, 고사리를 캔 백이와 숙제도 성삼문 못지않은 절개가 있었음을 두둔한 뜻이었을 것이다. 나는 주의식과 성삼문의 두 시조를 생각하며 고사리 뿌리를 캐본 적이 있었다. 정말 고사리 뿌리는 매우 꼬불꼬불 하고 뻣뻣했다.

벼슬을 버리고 낙향하여 고사리와 산나물 약초를 캐며 안빈낙도
安貧樂道의 생활을 즐긴 시조 두 수를 더 소개한다.

농촌의 봄

강호에 봄이 드니 이 몸이 일이 많다.
나는 그물 깁고 아희는 밭을 가니
두뫼에 엉긴 약초는 언제 캐려 하느니

고려말에 태어나 조선 세종대왕 때 영의정을 지낸 방촌厖村 황희
黃喜정승의 시조다. 24년간이나 정승의 벼슬을 지내며 현상賢相이라
칭송 받던 방촌 선생이 80세가 넘어 낙향하여 전원생활을 즐기며 부
른 노래이다.

서산채미西山採薇

아희야 구럭망태 거두어라 서산에 날 저문다.
밤 지난 고사리 상기 아니 늙었으리
이 몸이 푸샛 것 아니면 조석 어이 지내리

조선 광해조 때 지돈녕知敦寧벼슬을 지낸 정곡鼎谷 조존성趙存性이
지은 호아곡呼兒曲 4수중의 제1곡이다.
아무리 각박하고 메마른 세상이지만, 한해 한두 번씩 산나물 산행
을 하고, 가끔씩은 책을 뒤적여 옛 선인들의 삶을 엿보는 것도 부드
럽게 사는 삶의 한 방편이 아닐까 생각하며 시조 몇 수를 소개했지

만, 어쭙잖게 각설이 너무 길었나보다.

고사리를 먹으면 정력이 감퇴한다는 말이 있다. 그러나 그 말은 낭설일 것이다. 설령 고사리에 그런 성분이 있더라도 고사리를 김치 먹듯이 줄창 먹을 수는 없을 것이므로 기우에 불과하다. 입에서 좋으면 몸에도 좋게 마련이다.

고사리는 5월 초순부터 나기 시작하지만, 본격적으로 채취하기에는 이르고 5월 중순부터 6월 중순까지가 적기다. 고사리는 고사리 밭이라 할 만큼 지역적으로 넓게 군락을 이룬다. 숲이 우거진 응달에는 자라지 못하고, 양달의 억새 숲이나 묵정밭 가장자리, 키 큰 잡목이 없는 반경사면 버덩에 주로 자생한다. 흙살이 깊고 생육환경이 좋은 지역의 고사리는 굵기가 손가락만큼씩 탐스럽다. 인적이 드문 산의 어떤 고사리 밭에서는 한 자리에서 마대 하나를 채울 수 있을 만큼 밀생하는데, 통통하게 살이 오른 고사리가 우쑥우쑥 솟아난 광경은 보기만 해도 황홀하다.

고사리는 생육이 왕성해서 나는 지역에 늘 나기 때문에 해마다 꺾어도 지장이 없다. 산나물은 거의 다년생이기 때문에 나물산행을 자주 하다보면, 혼자만 아는 나물 밭을 더러 맡아 두게 마련이다. 어느 산에 무슨 나물이 있는지 알고 가면 힘 안들이고 즐겁게 나물을 뜯을 수 있다.

우리 집은 일 년에 제사가 예닐곱 번이나 든다. 시장에 나도는 고사리가 중국산이라는 말을 들은 뒤부터 나는 고사리를 기를 쓰고 꺾는다. 데쳐 말려서 한번 쓸 만큼씩 봉지를 지어 올망졸망 매달아 두었다가 제사 때마다 쓰는데, 내 손으로 꺾은 고사리를 제사상에 올리는 보람이 뿌듯하다. 방부제를 친다는 맛없는 수입산도 아니므로 조상님께 떳떳하고 먹는 맛도 즐겁다.

조상을 기리는 제사의 근본은 정성이다. 정성을 들이지 않은 진수성찬의 제수祭需는 주과포酒果脯만도 못하다. 요즈음 사람들은 제수를 몽땅 주문해서 쓴다는 말이 있어서 해보는 소리다.

고사리의 성분과 효능

고사리에는 아네우라제라는 특수성분 효소제가 들어있어 비타민 B1을 파괴한다. 이에 따라 많이 먹으면 비타민 B1결핍증에 걸려 몸이 나른하고 쉽게 피로를 느낄 수 있다고 한다. 그러나 고사리를 김치 먹듯이 끼니마다 먹지 않는 한 그럴 염려는 없을 것이다.

고사리는 유해성분만 있는 것이 아니고 피를 맑게 하고 머리를 깨끗하게 해주는 칼슘과 칼륨등 무기질 성분도 풍부해서 공해에 시달리는 현대문명병에 좋은 효과를 얻을 수 있다고 한다. 고사리에 발암 물질이 있다고는 하지만 삶으면 발암물질인 브라켄톡신이 거의 사라지므로 별 문제가 없다고 한다.

고사리의 성분은 단백질, 탄수화물, 회분, 칼슘, 인, 청분 등이 다량 함유되었음이 밝혀졌다 또한 면역계의 일부분인 보체계를 활성화하는 기능성 다당류들이 들어있는 것으로 보고되고 있다. 보체계는 주요 면역세포들의 면역반응에 직접적으로 관여하고 있는 물질이다.

특히 고사리에 들어있는 4종의 산성복합다당류들은 인체 보체계와 대사 세포의 활성화에 관여하고 있음이 여러 연구를 통해서 확인되었으므로 면역기능 증가를 위해 고사리를 적당량 섭취하는 것은 건강에 많은 도움이 될 것이다.

고사리는 칼슘, 칼륨 등 무기질 성분이 풍부하여 성장기 어린이들에게 좋으며, 고사리에 들어있는 산성다당류가 보체계를 활성화 시켜 면역기능을 증가시켜 준다. 고사리는 단백질이 풍부해서 예부터 '산에서 나는 쇠고기'라고 했으니 성장기 어린이에게 좋은 식품이라고 할 수 있다.

한방에선 고사리를 '음기陰氣'가 강한 음식으로 분류한다. 실제로 고사리에는 남성 호르몬 작용을 약화시키는 성분이 소량 들어있으나 반찬으로 먹는 고사리의 양으론 정력에 영향을 미치지 않으며, 조리하여 섭취한다면 이러한 성분이 제거되기 때문에 염려할 정도는 아니다.

고사리나물을 조리 할 때 파와 마늘을 다져넣고 참기름에 볶다가 들깨가루를 적당량 넣으면 고사리 자체가 부드러워지고 맛도 훨씬 좋아질 뿐만 아니라, 고사리에 부족한 비타민B1과 지방을 보충할 수 있다. 고사리는 칼슘과 칼륨 등 무기질 성분이 풍부하여 각종 공해에 시달리는 현대인들에게 좋은 식품이다.

23. 산개고사리

산개고사리는 고사리식물의 한 과에서 분류되는 면맛과(고비류)에 딸린 다년생 양치식물로서 전국의 숲 속의 음지 또는 반양지에서 자생한다. 성체가 되었을 때 30~100cm가량 자리고 영양엽과 포자엽이 있다.

산개고사리를 경기도 북부나 강원도 북부 사람들은 '발금자리'라고 한다. 색깔이 발그므레 해서 발금자리라고 하는지 모르겠으나, 들

산개고사리

기에 좋고 부르기에 좋으니 나도 발금자리라고 부른다. 발금자리는 야산에 없는 고급 나물이다.

　발금자리는 깊은 산 계곡 습지의 흙살이 깊은 비대칭배사(엇비탈)에 주로 자생하는데, 역시 자라는 지역에만 군락을 이룬다. 고사리처럼 외대로 자라는 종류는 푸른 빛깔이고, 고비처럼 동그랗게 돌아가며 나는 것은 붉은 빛깔이다. 고비처럼 잔털이 있고, 등 쪽은 둥글고 배 쪽은 홈통처럼 오목한 것이 특징이다. 모양은 엇비슷하지만 대궁이 고사리처럼 둥근 종류도 있는데, 그런 것은 먹지 못한다고 한다.

발금자리는 다른 산나물에 비해 일찍 난다. 4월 말경부터 5월 중순경이 대강 적기라고 말할 수 있지만, 높은 산에서는 늦게 난다. 대궁이 한 뼘 이상 올라와 잎이 펴지기 전에 꺾어야 연하고 맛도 좋다. 재수가 좋아 밭을 만나면 2~3kg 정도는 한 자리에서 꺾는데, 굵은 것은 연필 만큼씩해서 분한도 많아 꺾기에도 즐겁다.

발금자리도 고사리처럼 데쳐 말려서 묵나물로 먹는 산나물이다. 맛은 고사리와 비슷하지만, 더 부드럽고 배릿한 얕은맛이 거의 고기 맛에 가깝다. 불고기에 넣어 볶으면 고기보다 맛이 있어 처음 먹는 사람도 골라 먹게 마련이다. 고사리처럼 볶아도 좋고 된장찌개를 끓여도 쫄깃쫄깃하니 고기 맛이 난다.

고등어를 비롯한 생선을 졸일 때, 삶은 발금자리를 무와 함께 넣고 졸이면, 생선과 육고기를 한꺼번에 졸인 듯이 희한한 맛이 난다. 생선보다 훨씬 맛이 좋다는 말이다. 시장에서는 살수도 없고 오직 내 손으로 꺾어야 맛볼 수 있는 고급 나물이다.

일삼아 발금자리만 꺾으려고 산행을 할 수는 없고, 높은 산에 두릅을 꺾으러 가거나 이른 나물을 뜯으러 가서 곁들여 꺾을 수 있는 산나물이다. 나물산행을 할 때마다 보이는 대로 꺾어다 따로 삶아 말리면 제법 많은 양이 된다. 습기가 차지 않게 갈무리를 잘 하면 두고두고 해를 넘겨가며 먹어도 변하지 않는다.

몇 년 전에 산에서 어떤 시골 영감님을 만났는데, 다른 산나물은 거들떠보지도 않고 오직 발금자리만 꺾는 것을 유심히 보았다. 곰취와 참취가 옆에 있어도 그냥 돌아서기에, 왜 참취를 안 뜯느냐고 물었다.

노인은 나를 힐끔 돌아보더니, 그깐 나물은 어딜 가나 천진데, 지고 다니는 짐만 되지 무슨 맛으로 먹느냐고 냅다 퉁바릴 먹이는 것이었다. 나는 시침을 뚝 떼고는, 그게 대체 얼마나 맛이 좋기에 참취가 나물도 아니냐고 거듭 물었다.

칠순이 가까웠을 노인이 그제야 어린아이처럼 씩 웃으며, '고기도 이런 맛이 나는 고기는 없지.' 하고는 횡허케 산비탈을 내려갔다. 이튿날 나는 당장 말려 두었던 밭금자리를 삶아 불고기에 넣어 먹어 보았는데, 노인의 말이 조금도 틀리지 않았다. 나는 감히 말한다. 밭금자리는 산에서 나는 고기다!

산개고사리의 효능

성분은 단백과 펜토산, 비타민A, 비타민C, 카로틴 등이 함유되어 있다. 효능은 감기 몸살, 피부발진, 토혈, 코피, 혈변, 월경과다 대하증 에 좋다고 한다. 감기로 인한 발열과 피부 발진에 효과가 있으며 기생충을 제거하며 지혈에도 효과가 있다. 민간에서는 봄과 여름에 캐어서 말린 줄기와 잎을 약재로 사용한다.

24. 여러 가지 잡나물

지금까지 소개한 산나물들 외에도 여러 가지 산나물이 많다. 그 중에서도 쉽게 가려낼 수 있고 비교적 흔한 나물 몇 가지를 더 소개한다. 우선 고추나물과 함께 야산이나 산자락에서 흔히 뜯을 수 있는 으아리, 밀나물, 꿩의다리, 중대가리 등 네 가지를 설명한다. 여러 가지를 함께 뜯고 섞어서 데치면 바로 잡나물이 되는데 한꺼번에 여러 가지 맛을 별다르게 느낄 수 있어 그 맛이 더욱 좋다.

으아리

으아리는 미나리아재빗
과의 다년생 넝쿨식물이
다. 뿌리를 약재로 쓰는데,
뿌리가 약이라면 순도 먹으
면 약이 될 것이다. 으아리
도 보통 산나물들이 많이
나는 5월 중순경부터 손
가락만큼씩 굵은 새순이

으아리

탐스럽게 올라온다. 한 뼘 이상 자랐을 때 순을 꺾는다.

여린 순을 무자비하게 꺾을 때 좀 짠한 마음이 들긴 하지만, 모든
산나물들이 다 그렇듯이 이내 움 순이 더욱 왕성하게 자라기 때문에
번식에는 별 지장이 없다. 그렇더라도 산나물을 뜯을 때 가슴이 짠
한 아픔을 느낀다면, 자연을 사랑하는 마음과 정서가 메마르지 않았
음을 뜻하는 것일 게다. 그런 마음을 늘 간직하고 나물산행을 하면
나물 한 잎 한 줄기가 더욱 소중하게 여겨지고 맛도 귀하게 느껴질
것이다.

으아리는 숲이 우거진 음지보다는 양지 또는 반 양지에 넝쿨식물
들이 얽히고설킨 주변에 주로 많다. 으아리 한 가지만은 많이 뜯을
수도 없지만, 아린 맛이 강하기 때문에 꼭 다른 나물과 섞어 먹는 것
이 좋다.

밀나물

밀나물도 여러해살이 넝쿨식물의 새순이지만, 으아리처럼 한해살이 넝쿨이 아니라 순만 새로 돋아나는 갈잎넝쿨 식물이다. 산자락이나 개울가 언덕배기의 넝쿨 숲 주변에 주로 자생하는데, 진한 녹색의 가시줄기에서 줄기의 눈마다 가지런하게 새순이 돋는다. 잎이 기름을 바른 듯이 반들반들 윤이 나기 때문에 우리 고향에서는 기름나물이라고 부른다.

밀나물

메마른 것 같은 빈약한 줄기에서 의외로 토실한 새순이 돋는다. 큰 넝쿨을 만나면 한자리에서 한 움큼씩도 뜯을 수 있다. 별다른 맛은 없지만 여러 가지 산나물과 섞으면 분한도 늘고, 노느니 염불한다고, 뜯는 손도 심심하지 않아 좋다.

밀나물 넝쿨의 열매는 늦여름에 팥알만큼씩 커져서 새카맣게 익는다. 어릴 때는 그 열매를 쫀드기라고 하며 따서 먹었다. 열매를 따서 겉껍질을 까면 하얀 포막이 씨를 감싸고 있는데, 그 포막을 발라 씹으면 쫀득쫀득하니 껌처럼 씹힌다. 맛이 있고 먹어서 배가 부른 것은 아니지만, 입이 심심해서 눈에 보이는 대로 따서 씹곤 했던 기억이 새롭다.

꿩의다리

꿩의다리

꿩의다리는 미나리아재빗과의 다년생 풀이다. 야산의 산자락이나 길가의 언덕배기, 개울가에 흔하게 나는 식물인데, 새순이 연할 때 뜯는다. 꿩의다리는 비슷한 종류가 많지만, 새순의 머리가 동그랗게 뭉치는 것은 꿩의다리로 모두 먹는 나물이다. 밀나물과 마찬가지로 특별한 맛은 없지만, 다른 나물들과 함께 심심풀이로 뜯는다. 산나물 산행을 자주 하다보면 재수 없는 날은 영판 공치기도 한다. 그런 날은 야산이라도 돌아다녀 보면 꿩의다리를 비롯한 잡나물을 먹을 만큼은 뜯을 수 있다. 잡나물도 얼렸다가 한겨울에 먹으면 맛이 기막히다. 새파란 나물의 색깔산이라서 시각적으로 눈이 즐겁고, 여러 가지 나물의 향이 한데 섞여 식욕을 돋운다. 잡나물로 된장찌개를 끓여도 좋고 기름에 볶아 먹어도 맛이 그만이다.

중대가리

중대가리

중대가리라고 하면 스님들이 들으면 참 민망한 말이기는 하지만, 나는 중대가리라는 나물의 본명을 모른다. 식물도감에 중대가리라는 식물이 있기는 있으나 내가 아는 먹는 나물의 중대가리가 아닌 것 같았다.

중대가리는 한해살이 식물이다. 싹이 돋으면서부터 꽃대가 되고 순 머리에 꽃망울이 앉는다. 자잘한 꽃들이 뭉쳐 머리꼴을 이루어 한 뼘쯤 자라면서 꽃이 피는데, 꽃이 뭉친 모양이 머리털 빡빡 깎은 대가리 같아서 중대가리라는 이름이 붙은 모양이다.

중대가리는 대궁이나 잎이 희읍스름한데 꺾으면 민들레 꽃대처럼 속이 비었다. 야산의 능선이나 비탈이거나 숲이 우거진 응달만 아니면 어디든 잘 자란다. 일년생이기 때문에 한 뼘 이상 자라도 쇠지는 않으나 어릴 때 먹어야 쌉쌀한 맛이 진하다. 생긴 모양은 똑같지만 발그무레한 꽃이 피기도 하고, 잎처럼 녹색 꽃이 피는 것도 있다.

25. 높은 산의 잡나물

우산나물

우산나물

    우산나물도 엉거싯과의 여러해살이 풀이다. 우산처럼 생겨서 우산나물인데 우리 고향에서는 삿갓나물이라고 한다. 우산이 없던 옛날에는 삿갓을 썼으니 삿갓나물이 외려 맞는 우리말일 것이다. 한자로는 토아산兔兒傘이라고 쓰는데, 새끼토끼가 쓰는 우산이다. 활짝 퍼드러진 우산나물을 보면, 비오는 날 새끼토끼가 우산나물 밑에 웅크리고 앉아 비를 거느리는 그림이 선명하게 떠올라 웃음이 저절로 나온다.

    우산나물도 산파초山把草라 하여 한방에서는 약제로 쓴다. 뱀에 물렸을 때, 응급처치 후에 산파초를 짓찧어서 환부에 붙이면 해독작용을 한다는 말은 들었다. 삿갓나물은 마을 근처의 야산에는 없고, 깊은 산 능선이나 토질이 좋은 반경사면에 잘 자란다. 나는 자리에 만 군락을 이루는데, 장난감 우산을 땅에 꽂아놓은 것 같이 바람에 한들한들 흔들리는 모습이 앙증맞도록 귀엽다.

우산나물은 마음먹고 뜯으면 얼마든지 뜯을 수 있는 흔한 나물이다. 맛은 취나물과 비슷하지만 짙은 향은 없다. 여러 가지 취나물과 함께 뜯어서 금방 먹어도 되고, 재수가 좋아 우산나물 밭을 만났다면 따로 삶아 묵나물을 해도 맛이 괜찮다.

싹이 돋아 한 뼘쯤 자랄 때까지는 잎이 안쪽으로 도르르 말려 있는데, 그럴 시기와 잎이 막 피어날 때 뜯으면 연하고 맛도 진하다. 외대로 솟아 가지도 치지 않는 식물이기 때문에 움 싹이 돋지 않는 경우도 있으므로 해 거리를 해가며 뜯는 것이 자연보호 요령일 것이다.

더덕취와 털취

깊고 높은 산에는 참취와 엇비슷한 취나물이 대여섯 종류가 넘는다. 모두 먹을 수 있는 나물이지만 나는 그 이름들은 모른다. 그 중에서도 구분하기 쉬운 희읍스레한 털이 있는 털취와 더덕 맛이 나는 더덕취를 언급하겠다. 그런 취나물들은 언뜻 보기에는 거칠어 보이지만 삶으면 부드럽고 맛도 향도 진하다. 특히 더덕취는 맛과 향이 참취에 못지않을 뿐만 아니라, 실한 것들은 대궁의 굵기가 손가락만큼씩 하고 잎도 왕곰취 잎만큼 큼직하다. 그런 취나물 종류는 뜯기에도 분한이 많아 즐겁지만, 삶아도 그 분량이 별로 줄지 않아 옹골지다.

취나물 종류는 말려서 묵나물을 만들어 겨울에 먹으면 제일 맛있다. 냉동나물이 색깔도 맛도 좋기는 하지만 가정용 냉장고 냉동실이 한계가 있을 것이므로 편하게 묵나물을 만들어 두면 이듬해 겨울까지 두고 먹어도 변하지 않는다.

더덕취를 비롯한 고산지대의 취나물 종류는 참취가 나는 지역에도 있지만 우거진 숲 속에서도 잘 자라고 특히 습지대에 자생하는 것들이 실하고 야들야들하다. 보기 좋은 떡이 먹기도 좋다 듯이, 산나물도 우선 보기에 좋아야 맛도 향도 좋다. 무슨 나물이든 간에 벌레가 많이 먹었거나, 잎이 누릇누릇하니 병이 왔거나, 줄기와 잎이 빈약한 것은 피해야 한다.

더덕취

제3부 구근류(球根類)

재와 식용을 겸한 야생구근류 역시 수십 종에 이른다. 그러나 나는 약용 구근류는 잘 알지 못하고 다만 어렵잖게 구분할 수 있고, 손쉽게 채취할 수 있는 식용과 약용을 겸한 구근류 중에서도 내가 먹어본 일곱 종류만 소개한다.

거의가 다년생인 산나물은 해마다 그 자리에 나지만, 뿌리를 캐는 구근류는 다르다. 일단 캔 것은 그것으로 그만이다. 따라서 어린것은 캐지 말아야 하고, 싹이 돋아 자라기 시작하는 늦봄에도 절대 캐지 말아야 한다. 가을에 싹이 시들고 씨앗이 여물면 캐는데, 열매 맺은 씨앗꼬투리를 따서 어미 주변에 골고루 뿌려준 다음에 어미뿌리를 캐야 한다.

구근류는 씨앗이 싹터 우리가 먹을 수 있기까지 자라자면 7, 8~10여 년이 흘러야 한다. 그것도 인공 재배하는 씨앗처럼 씨앗마다 싹이 돋는 것이 아니다. 열 알의 씨앗이 떨어졌다면, 네댓 알이 싹이 돋지만 성체로 자라는 것은 한두 뿌리가 고작이다. 자연의 생태계는 냉엄하여 꼭 있어야 할 개체만 자라게 한다. 구근류의 씨앗꼬투리를 따서 어미 주변에 뿌려주고 몇 년간 살펴보며 관찰한 결과였다. 그

나마 씨앗을 뿌려주지 않으면 그 주변에서 그 식물은 영원히 사라진다.

　더덕이나 도라지 한 뿌리를 귀하고 고맙게 여기는 마음이 자연을 사랑하는 마음일 것이다. 고맙고 귀하게 생각할 때 그 맛의 진미를 터득하게 된다는 것을 나는 경험으로 알았다. 매사를 귀하고 고맙게 여기며 살면, 그게 바로·행복이 아닐까 생각한다.

1. 더덕

　더덕은 초롱꽃과의 다년생식물이다. 여름에 나무줄기를 감고 올라가는 넝쿨줄기에서 종 모양의 예쁜 꽃이 잎겨드랑이마다 숭얼숭얼 피는데, 꽃이 마치 매달린 작은 종처럼 다소곳하니 앙증맞게 귀엽다. 웬만큼 깊은 화분에 더덕 한 뿌리를 심고 잔가지가 많은 나뭇가지를 꽂아두면, 더덕이 줄줄이 가지를 치며 감아 올라간다.

　여름에 밑줄기에서부터 꽃이 피기 시작해서 가을까지 꽃이 피는

더덕싹

데, 동글동글한 네 잎과 함께 어우러져 우아하고 소박한 아름다움이 보는 이의 마음을 평온하게 안정시킨다. 게다가 줄기를 약간만 건드

려도 은은한 더덕 향을 내뿜어 더욱 사랑스럽다.

더덕을 한방에서는 사삼沙蔘 노삼奴蔘 또는 토당삼土黨蔘라고 하여 인삼에 버금가는 약효가 있다고 하지만, 나는 역시 약효를 바라고 먹지는 않는다. 다만 입에서 좋으니 먹을 뿐이다.

봄에 더덕을 캐면 흔히들 잎과 줄기를 버리는데, 뜯으면 하얀 진액이 나오는 잎과 연한 줄기를 생으로 먹으면 맛도 향도 뿌리 못지 않게 좋다. 더덕 잎과 줄기는 양이 많을 수 없기 때문에 밥을 비벼먹을 때 몇 잎씩 넣어 비비면 그 향기가 그만이다.

더덕은 우리나라 어느 산이나 자생한다. 그러나 해발 1천 미터 이상의 높은 산에는 별로 없고, 마을 인근의 야산에 주로 많다. 내 경험에 의하면 동쪽을 정면으로 마주보는 산에서는 더덕을 별로 캐본 적이 없다. 북쪽을 정면으로 마주한 산에서도 재미를 못 보기는 마찬가지지만, 그건 어디까지나 내 생각일 뿐 이다.

더덕 역시 숲이 우거진 그늘에서는 자라지 못한다. 그렇다고 발간 양지나 풀도 자라지 못하는 모래땅에도 물론 없고, 질퍽한 습지에도 없다. 서향이나 서남 서북향의 반 경사면, 계곡의 구릉지대에 주로 자생하는 습성으로 보아 더덕은 저녁나절의 온화한 햇살을 즐기는 모양이다.

흙살이 좋은 비옥한 토질의 더덕이 살지고 향기도 짙다. 모래땅이나 자갈밭의 더덕은 마디게 클 뿐만 아니라 질기고 맛도 쓰다. 같은 연생이라도 크기에 차이가 나고 표피도 눈으로 구분할 만큼 거칠고 고운 차이가 뚜렷하다. 질기고 표피가 거친 더덕을 우리는 숫더덕이라고 명칭을 붙였다. 나는 그런 숫더덕을 따로 골라 술을 담는다. 맛이 쓰기 때문에 술에 우러나는 더덕의 향이 짙어서 좋다.

술이 싫은 사람이라면 숫더덕을 별다르게 먹는 또 다른 방법이 있
다. 더덕 닭백숙을 해먹는 것이다. 인삼대신 더덕을 넣는다고 생각
하면 된다. 참당귀를 캐다 말려둔 것이 있다면 곁들여 한 뿌리 넣어
닭백숙을 끓이면 보약이 따로 없다. 닭 냄새도 전혀 없을뿐더러 고
기도 쫄깃쫄깃하여 맛이 좋고, 국물에 찹쌀을 넣고 닭죽을 쑤면 그
역시 보약이다. 닭백숙에 넣을 더덕은 냉동실에 얼려도 상관없다.
세네 뿌리씩 은박지에 싸서 얼려 두었다가 두고두고 더덕 닭백숙을
해먹을 수 있다.

더덕은 이른 봄 싹이 한두 뼘쯤 돋았을 때는 캐도 좋지만, 싹이 줄
기를 뻗기 시작하면 캐지
말아야 한다. 줄기가 뻗은
더덕은 캐봐야 맛도 없고,
독성이 강해서 먹으면 속을
훑어낸다.

뿐만 아니라 뿌리의 영
양분이 이미 줄기로 올라
갔기 때문에 더덕이 스펀
지처럼 푹신푹신하여 질
기고, 그 맛이 표현을 못
할 만큼 아리고 쓰다. 그
런 더덕을 생으로 두세
개만 먹어도 속이 쓰리고
아프다. 이미 더덕이 아
니고 독초가 되어 있는

더덕 넝쿨

것이다.

　대자연의 섭리는 참으로 놀랍다. 꽃을 피워 번식을 할 시기에는 건드리지도 말라는 지엄한 경고인 것이다. 모든 사람들이 자연의 섭리를 따른다면, 더덕을 비롯한 모든 임산물이 멸종위기를 당하지 않을 것이다. 먹어서 독이 되는 것을 구태여 먹는 것이 얼마나 어리석은 짓인가를 스스로 깨달아야 할 것이다.

　약초나 더덕을 비롯한 뿌리를 먹는 모든 식물은 가을에 캐야 맛도 효능도 옹골지다는 것을 명심해야 한다. 씨를 퍼뜨리고 한살이를 마감한 가을의 뿌리는 영양분이 축적되어 통통하게 살져서 캐는 즐거움도 그만이고 먹는 맛도 향도 짙어 두루두루 기분이 좋다.

　특히 가을 더덕은 흰 즙액이 많아 맛과 향기가 짙고 씹히는 감촉이 사과처럼 부드럽다. 통통하게 살이 오른 더덕을 캐는 즉석에서 껍질을 까 한입 베어 물면, 온 산의 정기를 입 속에 가득 머금은 듯이 그저 황홀하다. 살아 있는 보람! 그보다 더한 생의 보람은 없다고 나는 감히 주장한다.

　더덕도 조리해 먹는 방법이 참으로 많다. 더덕의 맛과 향을 그대로 즐길 수 있는 생더덕회와 더덕구이에서부터 더덕나물, 누름적, 튀김, 더덕자반, 찌개, 장아찌, 정과, 더덕술 등 못하는 반찬이 없을 정도이다. 그러나 그 중에서도 나는 고추장에 박은 더덕장아찌를 최고로 친다.

　옛말에도, '외씨(오이의 씨)같은 입쌀밥에 쇠뿔 같은 더덕장아찌.'라고 했다. 생각만 해도 침이 저절로 넘어간다. 장아찌 다음에 즐겨 해먹는 반찬이 더덕 물김치다. 보통 물김치처럼 담아서, 더덕을 생으로 잘게 썰어 넣으면 향긋한 더덕 향이 김치 국물에 우러나 물김치 맛이 환상적이다.

　더덕 반찬은 그렇더라도 더덕은 역시 생으로 먹어야 웅근 맛과 향을 제대로 느낄 수 있다. 잘생긴 더덕을 골라 껍질을 벗겨 고추장에 찍어 먹으면, 그 맛은 정말 예술적이다. 사근사근 씹히는 감촉과 달착지근하면서도 쌉싸래한 맛, 온 몸으로 퍼지는 향기! 더덕을 찍어 먹을 고추장에는 식초를 치지 않는다.

　덩이 뿌리인 더덕도 캔 지 오래되면 맛과 향이 죽는다. 한해 한 번씩만이라도 더덕을 캐온 날을 이용해서, 가까운 친인척이나 보고 싶은 친구를 초청해 보는 것이 어떨까? 나는 자연의 혜택을 누리는 보답으로 여기며, 봄가을에 한 번씩은 손님을 초대하곤 한다. 봄에는 산나물 특히 곰취를 뜯어온 날 곰취 파티를, 가을에는 더덕 파티를 여는 것이다.

　정다운 사람들을 초청해서 더덕회와 고추장을 발라 구운 더덕구이를 해놓고 오순도순 정담을 나누고 술잔을 돌리다보면, 우애와 우정을 다지는 더없이 화목한 자리가 되고, 그 보다 더 귀한 접대가 없다는 것을 손님들의 반응으로 번번이 깨닫는다.

　통통하게 살진 더덕을 까면 온 집안에 은은한 더덕 향이 가득하여 먹기도 전에 향기에 취한다. 돈들이지 않고 오직 내 노력으로 얻은 뿌듯한 보람이 오래도록 가슴에 남아 있음도 그냥 그저 즐겁다.

　성장촉진제를 쓰는 재배더덕은 3~4년 만에 캐도 굵직굵직하지만, 야생더덕은 3~4년 커도 새끼손가락에 미치지 못한다. 야생더덕은 줄기를 보면 뿌리의 크기를 대충 짐작하는데, 어린 더덕은 캐지 않는 것이 자연산 더덕을 오래도록 두고 캐먹을 수 있는 비결일 것이다. 야생더덕은 적어도 7~8년은 묵어야 엄지나 검지손가락 만하게 큰다는 것을 더덕의 노두를 보면 알 수 있다.

나는 굵기가 팔뚝만하고 길이가 30cm 넘는 더덕을 두 뿌리나 캔 적이 있다. 자랑삼아 참고삼아 그 얘기를 안 할 수가 없겠다. 그 첫 번은 포천 삼율리에 틀어박혀 장편소설을 쓸 때였다. 산나물과 두릅을 꺾으려고 한해에도 네댓 번씩 3년간이나 톺아보던 산자락이었는데, 어느 가을날 무심코 지나다 보니 나지막한 참나무 한 그루가 온통 더덕씨앗꼬투리로 뒤덮여 있었다.

깜짝 놀라 몇 번이나 눈을 씻고 쳐다보다가 달려들어 씨앗꼬투리를 따서 까보니 틀림없는 더덕이었다. 나는 얼결에 그 앞에 털썩 꿇어앉아 눈을 감고 합장을 했는데, 한참 뒤에서야 내 행위를 깨달았을 만큼 흥분하고 있었다.

정신을 차리고 일어서서 참나무를 휘감은 마른 더덕줄기를 살펴보았다. 가는 줄기는 이미 마르고 밑동의 줄기도 시들었지만 밑동줄기 굵기가 손가락만 했다. 씨앗꼬투리가 워낙 많이 달려 있어서 찬찬하게 살펴보니, 손가락만큼 굵은 줄기가 세 개나 감고 올라간 것이었다.

나는 더덕이 세 뿌리인줄 알았는데, 놀랍게도 세 줄기가 한 뿌리에서 나온 것을 확인하고는 가슴이 쿵쿵 뛰도록 흥분하여 어쩔 줄 모르고 서 있어야만 했다. 한참 만에 비로소 마음을 가다듬고는 튼튼한 막대기를 꺾어들고 벋버듬하게 자빠진 산비탈에 엎드려 흙을 파헤치기 시작했다.

마침내 30cm 쯤의 땅속에서 더덕의 노두가 드러나는데, 내 팔뚝보다도 굵었다. 나는 너무 흥분해서 몇 번이나 심호흡을 하고는 다시 흙을 파헤쳤다. 목 부분에서 약간 가늘어지던 더덕이 밑으로 내려갈수록 사람 엉덩이처럼 펑퍼짐하게 퍼지며 점점 굵어지더니, 마치 사람의 다리처럼 두 갈래로 갈라지는 것이었다.

더덕뿌리

나는 다시 한 번 심호흡을 하고는, 행여 더덕이 다칠세라 감히 막대기도 댈 수 없이 황감해서 손으로 조심스레 흙을 파헤쳤다. 마침내 더덕의 형체가 완전하게 드러났는데, 이런 세상에……! 그 큰 더덕이 완전한 사람의 형상이었다. 잘록한 목 부분이며 몸통, 우람하게 버티고 선 듯이 쭉 뻗은 두 다리! 더덕을 들고 정신없이 들려다보던 나는 조심스레 산비탈에 뉘여 놓고 넓죽넓죽 절을 세 번이나 했다. 그렇게라도 하지 않고서는 더덕을 들고 그냥 돌아설 용기가 나지 않아서였다.

그 더덕은 정확하게 무게가 1.15kg이었고, 길이가 32cm에 엉덩이 둘레가 23cm였다. 더덕을 감정한 팔순의 동네 바깥노인은 50년이 넘게 묵었을 것이라고 했다. 동네 토박이인 그 노인도 그곳을 수십 번은 지나쳤다고 말하며 연신 고개를 갸웃거렸다.

나 역시 지금도 이해를 할 수 없는 것이, 노인 말마따나 더덕을 캔 그 곳이 큰길은 아니지만, 그 산의 능선에 올라가려면 그 자리를 거쳐야 하는 산길 길목이었다. 나뿐만 아니라 여러 사람들이 지나치던 산길이었는데, 어째서 하필 오십 년 만에 내 눈에 띄었는지 도무지 이해가 되지 않았다.

소문도 빨라서 마을 사람들이 50년 묵은 더덕을 구경하러 모여들었다. 삼삼오오 모여든 사람들은 보는 사람마다 더덕에 물이 들었는지 배를 갈라보자고 했지만, 나는 완강하게 거절했다. 사람 형상인 더덕의 배를 가르자고 대드는 사람들이 곧 내 배를 가르겠다고 덤비는 것 같이 섬뜩하게 느껴졌다.

이튿날 저녁답이었다. 서울 산다는 어떤 사람이 고급 승용차를 타고 나를 찾아왔다. 어떻게 서울까지 소문이 퍼졌는지, 소문을 듣고 왔다면서 더덕을 보자고 해서 자랑삼아 보여 주었다. 사내는 눈을 화등잔만하게 치켜뜨고는 더덕을 요리조리 한참 살펴보더니, 더덕에 물이 들었으면 2백만 원을 주겠다고 흥정을 걸었다.

나는 2백만 원이란 말에 솔깃해서 그걸 어떻게 확인하겠냐고 물었다. 사내는 잠시 머뭇거리더니 역시 배를 갈라 보자는 것이었다. 나는 은근히 호기심이 동해서 또 물었다. 도대체 더덕 물이 어디에 그렇게 좋으냐고.

환갑이 넘었을 사내는 순간적으로 멈칫하며 나를 쳐다보더니 손을 비비고 얼굴을 쓰다듬는 등 딴전을 부리다가, 속병에 좋다고 대답하며 손가방에서 백만 원짜리 현금 두 다발과 박카스 병을 꺼내놓는 것이었다.

나는 잠시 어리둥절하다가 박카스 병의 용도를 알고는 느긋하게 다시 물었다. 배를 갈라서 물이 없으면 어떻게 하겠냐고. 사내는 당황하는 듯 잠시 멈칫거리며 뜸을 들이다가 대답했는데, 물이 없으면 그냥 더덕이므로 20만 원을 주겠다고 했다.

나는 그 행위며 말하는 투가 하도 같잖아 일언지하에 거절하고는 사내를 쫓아냈다. 쫓아내긴 했지만, 돈 2백만 원이 눈에 번해서 더덕을 들고 이리저리 한참 들여다보다가 마침내 결심을 했다. 그만한 돈을 주고 살 만한 가치가 있는 더덕이라면, 내가 먹어도 그만한 가치가 있을 터였다.

나는 즉시 껍질이 다치지 않게 조심스레 흙을 씻어내고 큰 유리병에 넣어 술을 담갔다. 그 더덕 술을 삼 년간 세 번이나 우려먹어도 더덕 향이 가시지 않았다. 삼 년이 넘어 마지막 술을 따라 먹고 배를 갈라 보았는데, 물이 들지는 않았다.

그 뒤 98년 가을에 강원도 홍천으로 더덕을 캐러 갔었다. 오전 아홉 시부터 오후 두 시까지 다섯 시간이나 산을 헤매도록 나는 더덕을 열 뿌리도 못 캤는데, 일행 셋은 모두 1kg 이상씩이나 캐고는 나를 약올렸다.

같이 산을 타면서 결과가 그렇게 되면, 그보다 더 약오르는 경우도 없다. 일행들은 나를 잔뜩 약올려 놓고는 그만 내려가자고 했지만, 나는 오기가 나서 한 능선을 더 타기로 작정하고 혼자 올라갔는데, 그 골짜기에서 또 심을 보았다.

골짜기에는 더덕이 있을 것 같지도 않아 건성으로 지나치다가 옆의 비탈을 힐끔 쳐다보다. 무심코 걸음을 옮기다가 아무래도 이상한 느낌이 들어 다시 돌아보니, 저만큼 위에 있는 산초나무에 하얗게 마른 더덕 잎과 씨앗꼬투리가 오롱조롱 달려 있는 것이었다. 서리를 맞은 더덕 잎은 하얗게 고운 색으로 마르기 때문에 멀리에서도 쉽게 눈에 띄곤 한다.

나는 기겁을 하고 뛰어가서 들여다보았다. 높이가 2m쯤 되는 산초나무를 더덕넝쿨이 온통 뒤덮었는데, 자세히 살펴보니 줄기 밑동

굵기가 손가락 만한데 외줄기였다. 나는 한번 경험이 있으므로, '심 봤다!' 하고 소리치고는 넓죽 엎으려 절을 했다. 절을 하고 나서도 한참 심호흡을 해야 할 만큼 나는 흥분되어 있었다.

한참 만에 마음을 가다듬고는 곡괭이로 흙을 파헤치기 시작했다. 경사진 비탈이라서 흙이 밀려 내렸는지, 두 자가 넘게 파도 드러나지 않던 더덕의 노두 부분이 마침내 드러났는데, 기대 이상으로 굵어지자 또 가슴이 마구 뛰기 시작했다.

남들은 일생에 한 번도 못 캔다는 왕더덕을 나는 두 번이나 캔다고 생각하자 극도로 흥분되어 숨이 막힐 지경이었다. 한참 심호흡을 하고는 다시 작업을 했다. 마침내 더덕 몸체가 드러났다. 외대로 뻗은 몸체의 굵기는 내 팔뚝만 했고, 길이는 두 뼘이 넘었다.

더덕은 산나물과 달라서 한번 캔 산에는 몇 년간 다시 갈 필요가 없으므로 매번 새로운 산을 타야 한다. 나는 한해 서너 번씩 전국의 산으로 더덕산행을 한다. 때로는 하루씩 묵게 마련인데, 재수 없는 날은 고작 여남은 뿌리도 못 캐고 공치는 날도 있다. 때로는 2kg 정도 캐는 날도 있지만, 보통은 그저 1kg 남짓이다.

경비와 다리품을 생각하면 차라리 더덕을 사먹는 편이 훨씬 싸다. 그러나 운동 삼아 낯선 산을 타며 더덕을 찾는 그 기대감과 뿌듯한 성취감은 느껴보지 않고는 모른다. 더구나 나는 남들이 못 캐는 왕더덕을 두 뿌리나 캤으므로 그 기대가 매번 남다르다.

앞에서도 말했거니와 나는 그렇게 캐온 더덕을 연한 것은 골라 생으로 먹고, 나머지는 고추장에 박아 장아찌를 담는다. 제법 굵은 더덕은 손아귀가 벌어 정말 쇠뿔 같은 더덕장아찌가 된다. 외씨 같은 입쌀밥에 더덕장아찌를 베어 먹는 그 맛은 그저 환상적이라고 밖에는 달리 표현할 재주가 없다.

생더덕을 먹고 이튿날 대변을 보면 대변에서도 더덕 향기가 난다. 어느 의학잡지에서 보았는데, 자기 대변을 매번 살펴보는 것이 건강을 체크하는 한가지 요령이라고 한다. 나는 그 뒤부터 늘 대변을 살펴보는 버릇이 들었다. 대변을 보고 소변을 본다고 말한다. 말 그대로 자기 대소변을 살펴보라는 말이 된다. 대변이 황금색을 띄는 날은 하루 종일 기분이 좋다.

더덕장아찌를 담는 요령은 너무 간단하다. 적당한 크기의 통에 고추장을 담고, 캐온 더덕 껍질을 까서 꾸덕꾸덕하게 물기가 마른 뒤에 통의 고추장에 차곡차곡 박으면 된다. 더덕이 너무 마르면 장아찌가 질겨지므로, 물기만 마르면 담아야 한다. 좀 큼직한 통을 준비해서 다음번에 캐온 더덕도, 또 다음번도 그렇게 고추장에 박아 냉장고에 보관하면 일년내내 더덕장아찌를 먹을 수 있다.

지금은 더덕을 엄청나게 많이 재배해서 비교적 싸게 사먹을 수 있다. 더덕을 살 때는 되도록이면 산골에서 재배한 것을 고르는 것이 맛도 향도 좋다. 더덕을 사서 꼭 장아찌를 담아 보시기를 권한다. 그러나 재배더덕은 맛과 향이 자연산의 절반에도 미치지 못한다. 이제 자연산 더덕은 내 손으로 캐지 않으면 먹을 수 없다. 그만한 경비와 힘을 들여 캘 사람도 별로 없을뿐더러, 캔다고 해도 팔아먹을 사람도 없을 것이다. 아무튼 인삼의 약효에 버금가는 더덕을 많이 먹으면 건강은 지켜질 것이다.

더덕의 성분과 효능

더덕의 성분은 사포닌과 이눌린, 비타민, 단백질, 탄수화물 등이 고루 들어있는데 특히 칼륨이나 칼슘, 비타민B를 많이 함유하고 있다. 잎과 줄기에는 플라보노이드 성분이 다량 함유되어 있다. 또한 신체 기능에의 필수지방인 리놀레익산과 칼슘, 인, 철분 등의 함유량이 많아 골다공증을 예방하고 혈액을 정화하는 약효가 뛰어나다.

인삼과 같은 사포닌 성분이 다량 함유되어 피로회복, 정력증강, 항암효과, 혈압조절, 성인병예방과 당뇨병 예방과 치료, 콜레스테롤 수치를 낮추며 피부미용에도 효과적이라는 것이 밝혀졌다.

북한의 약학사전인 『동의학사전』에는 더덕의 약효를 다음과 같이 기록했다. 더덕은 맛이 달고 쓰며 성질은 약간 차다. 폐경, 위경에 작용하며, 음을 보하고 열을 내리며 폐를 눅여주어 기침을 멈춘다. 또한 위를 보하고 진액을 불려주기도 하며 고름을 빼내고 해독한다.

거담, 진해작용과 혈중콜레스테롤감소, 호흡흥분작용, 피로회복촉진, 혈당조절작용 등이 실험적으로 밝혀졌다. 폐음부족으로 열이 나면서 기침하는 데, 입안이 마르고 갈증이 나는데 쓴다.

더덕 뿌리

2. 참당귀

손질한 당귀 뿌리

당귀의 잎을 '승검초'라 하며 나물로 먹는다는 것은 앞에서 말했으므로 생략하고, 여기서는 승검초의 뿌리인 당귀에 대하여 말하겠다.

당귀當歸는 한방에서 미나리 근芹자를 써서 대근大芹이라 하고, 말린 뿌리를 건귀乾歸라고 하여 귀한 약제로 쓴다. 고려시대에는 목귀초目貴草 또는 당적當赤이라 하였고, 잎은 승검초라 하여 나물로 먹었다는 기록이 있다.

당귀는 미나리과에 딸린 1~3년 살이 식물이다. 3년이 되면 1미터 이상 꽃대가 자라서 7월에 꽃이 피는데, 일단 꽃을 피운 뿌리는 씨앗이 여물면서 저절로 썩어 없어진다. 야생당귀는 깊은 산의 험한 계곡이나 높은 산의 습지대에 주로 자생하기 때문에 캐기도 힘들고, 자생지가 한정되기 때문에 흔하지도 않지만, 더덕을 캐러 갔을 때 당귀가 있을 법한 지역을 일삼아 찾아다니면 제법 많이 캘 수도 있다.

당귀 잎은 승검초라고도 하고 한자로는 신감채辛甘菜라고 하는데, 어린잎은 쌈으로 먹는다. 특히 삼겹살을 싸먹으면 그 향과 맛이 기막히게 좋다. 당귀 싹은 굵은 줄기가 네댓씩 올라와 세 갈래로 갈라지며 잎이 피는데, 그 줄기의 맛과 향이 또한 일품이다. 갈증이 심할 때 당귀 줄기를 씹으면 갈증이 멎고 허기를 달랠 수 있다.

나는 봄이면 나물산행을 하며 곰취와 취나물, 당귀 잎을 뜯어오고, 가을이면 한 번씩 야생당귀를 캐온다. 캐온 당귀는 부위별로 손질하여 두고 먹는데, 먹는 방법과 보관방법을 소개한다. 당귀는 제배한 것이라도 그 약효와 맛과 향은 야생과 별 차이가 없다.

캐온 당귀를 깨끗이 씻어 반그늘에 말려야 한다. 바른 햇볕에 말리면 향도 죽고 당귀에서 햇볕 맛이 난다. 햇볕 맛이라고 하면 이상하게 생각하겠지만, 분명 햇볕에도 맛이 있다. 무말랭이도 직사광선에 말리면 햇볕 맛이 난다. 그 맛을 말로는 표현할 수 없어 안타깝다. 아무튼 묘한 맛이 나는데, 맛도 기분도 별로 좋지는 않다. 말린 당귀는 신문지에 싸서 비닐봉지에 넣어 공기가 잘 통하는 어둑한 곳에 보관하는 것이 좋다.

참당귀 뿌리

당귀는 보혈작용을 해서 피를 맑게 하기 때문에 허약한 사람이나, 두통, 관절통 등 통증에 시달리는 사람에게도 좋다. 당귀를 약으로 생각하고 먹으려면 번거롭고 귀찮다. 그저 녹차나 커피를 마신다고 생각해야 편하고 자주 먹게 된다는 것을 나는 경험으로 터득했다.

말린 당귀를 적당량 잘라서 그냥 물에 넣고 끓이면 된다. 취향에 따라 물의 량을 조절해서 약한 불에 서서히 끓이는데, 당귀를 건져 씹어 보아서 맛이 맹탕일 때 불을 꺼야한다. 나는 당귀 달인 물을 냉장고에 넣어두고 하루 두서너 잔씩 차 마시듯이 마신다. 과음한 이튿날 따끈하게 데워 꿀을 타서 한 대접 마시면 숙취가 풀린다.

자주 끓이기 번거롭다면 되들이 페트병으로 두 병쯤 한꺼번에 끓여서 냉장고에 넣어두고 일주일 정도 먹어도 변하지 않는다. 당귀와 영지를 함께 넣고 끓여도 맛이 기막히다. 쌉싸름한 맛도 일품일 뿐만 아니라. 입안이 자주 헐거나 감기에 자주 걸리는 사람에게는 홀륭한 예방약이 될 수도 있다는 것을 나는 몸으로 체험했다.

당귀는 각 부위마다 약효가 다르다. 즉 당귀 노두를 당귀두當歸頭라 하여 지혈제로 쓰고, 당귀 가운데 부분을 당귀신當歸身이라 하여 보혈제로 쓰고, 당귀 잔뿌리를 당귀미當歸尾라 하여 혈액순환을 좋게 하고 뭉친 어혈을 풀어준다고 한방에서 말한다. 그러나 그 세 부분의 성분과 약효가 사람의 혈액순환계통에 좋다는 것을 보면, 구태여 따로 구분해서 이용할 필요는 없을 것이다.

당귀차를 감로주보다 맛있게 먹어본 적이 있었다. 5~6년 전이었는데, 1월 1일 새벽에 설악산 대청봉에 올랐었다. 일출을 보려고 새벽 세 시에 오색에서 산행을 시작해서 일곱 시에 도착했는데, 해는 벌써 동해바다 위에 솟아 있었다. 살을 에는 듯한 바람이 몰아쳤지만, 대청봉을 가득 매운 등산객들은 신년 해맞이에 넋을 잃고 있었다.

　그 인파 속 어딘 가에서 난데없는 당귀차 냄새가 솔솔 풍기는 것이었다. 향긋하면서도 구수한 그 냄새에 환장을 한 나는 인파를 헤집고 살펴보았는데, 정상 뒤쪽 바위 밑에 당귀차를 파는 사람이 자리 잡고 있었다.

　우리 일행은 한참 기다린 뒤에 당귀차 한 잔씩을 사 마셨다. 대청봉 정상에서 휘몰아치는 바람을 받으며 서서 마시는 따끈한 당귀차 한 잔! 나는 지금도 당귀차를 마실 때마다 그날 그 맛을 떠올리곤 하지만, 아무리 잘 끓여도 그 맛을 낼 수는 없었다. 맛이란 역시 분위기와 환경에 따라 엄청난 차이가 난다는 것을 새삼 실감할 수 있다.

　나는 당귀로 장아찌를 담는데 그 맛과 향이 기막히게 좋아 소개한다. 경상도 안동과 봉화, 영주 등 경북지역 사람들은 예전부터 당귀 장아찌를 담가 먹는데, 귀한 손님이 올 때면 상에 올린다고 할 만큼 귀한 밑반찬이라고 한다.

당귀 장아찌 담는 법: 당귀를 씻어 굵은 뇌두를 잘라내고 잔뿌리도 제거한다. 굵은 뿌리는 반으로 쪼개고 그늘에서 꾸덕꾸덕하게 말린다. 물기가 완전히 말랐을 때, 굵은 것은 자근자근 두드려 부드럽게 하고, 먹기 좋을 만큼의 길이로 자른다.

　고추장에 매실청과 식초를 알맞게 가미하여 준비된 당귀에 넣어 잘 버무린다. 알맞은 항아리나 밀폐된 용기에 담는데, 공간이 많지 않게 알맞은 용기를 선택하는 것이 좋다. 담은 장아찌는 냉암소에서 20일 쯤 숙성시킨 다음, 냉장고에서 두 달 이상 더 숙성시키면 먹을 수 있다.

당귀차 달이는 법: 당귀만으로 차를 달일 경우는 말린 당귀 30g을 씻어 잘게 잘라서 되들이 주전자에 넣고 끓인다. 끓기 시작하면 불을 줄이고 1시간 은근하게 달인다. 당귀를 건져 씹어 보아서 맛이 맹탕일 때 불을 꺼야 한다. 담황색의 당귀차가 되는데, 진한 당귀의 향기가 기막히게 좋다.

당귀에는 다른 약재와 함께 섞어도 좋다. 당귀에다 오미자나 구기자를 넣을 경우, 먼저 당귀를 넣고 약한 불에서 한 시간정도 끓인 뒤에, 오미자나 구기자 20g을 넣고 뭉근하게 20분쯤 달인다. 재탕을 할 필요는 없다.

당귀는 어느 약재와 함께 달여도 향이 죽지 않는다. 당귀·영지차는 생체 면역작용이 강하여 허약체질에 좋고, 종양이 잘 생기는 사람에게 탁월한 효능이 있다고 한다. 또한 당귀와 구기자는 강력한 자양강장제라고 한다. 허지만, 딱히 약효를 바라고 생약재차를 마신다는 관념은 버리는 것이 마음 편하다. 생약차에 맛을 들이면, 그 향기와 감칠맛만으로도 얼마든지 매료되어 즐길 수 있다.

당귀의 성분과 효능

당귀의 성분은 방향성 정유와 서당, 니코틴산, 비타민B와 E, 쿠마린 성분이 다량 함유되었다. 맛은 달고 쓰면서도 맵고 독특한 향이 짙다. 당귀의 약효를 보면, 혈액순환을 촉진하며 보혈작용을 하여 빈혈을 예방하고, 타박상이나 만성 화농 증에 효과를 보인다. 체내의 저항력을 증강시키며, 장운동을 촉진하여 변비를 예방한다. 탈모에도 효과가 있으며, 머리가 희게 되는 과정을 막아주며 항암작용이 강하다는 것이 밝혀졌다.

또한 당귀는 특히 여성에게 좋은 약재로 알려졌는데, 생리를 조절하여 생리통을 제거하며, 임산부가 출산하기 전에 복용하면 출산 시에 자궁의 수축력을 증진시키며, 출산 후에 어혈을 제거하는 작용이 크다고 한다.

3. 산작약(山芍藥)

신작약 꽃방울

미나리아재빗과에 딸린 작약종류는 우리나라에 대여섯 종이 있지만, 야생 작약은 적작약과 백작약 두 종류가 있다. 당귀나 더덕을 캐다보면 적작약이 더러 눈에 띈다. 야산에서는 볼 수 없고, 높고 깊은 산의 활엽수 밑에 주로 자생하는데, 봄에 외줄기 꽃대에서 꿀종지

만큼 큰 소담한 꽃이 핀다. 한두 포기쯤 캐다가 운두가 깊은 화분에
심어두면 해마다 아름다운 꽃을 볼 수 있다.

산작약도 가을에 캐는데, 잎
이 당귀보다 일찍 지기 때문에
세심하게 살펴야 캘 수 있다. 하
지만 몇 뿌리 캐다보면 요령이
생겨 쉽게 찾을 수도 있다. 산작
약은 어린것은 꽃이 피지 않는
다. 꽃대가 있는 것만 캐면 오래
묵은 것이지만, 뿌리가 당귀처
럼 실하지 않고 작다. 꽃이 하얀
백작약도 더러 보이지만, 매우
드물고 약효도 적작약보다 높다
고 한다.

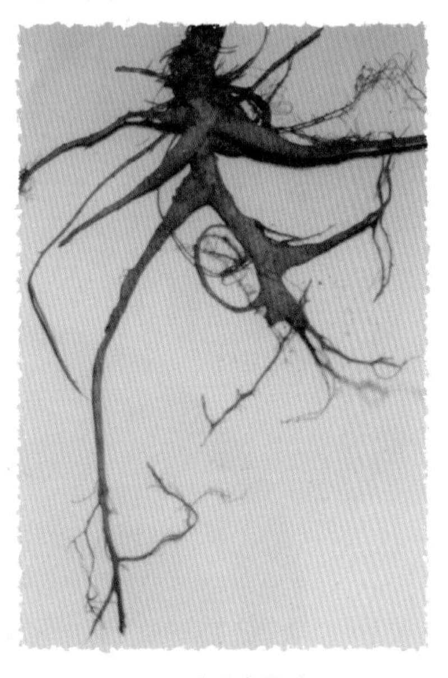

신작약 뿌리

산작약에는 안식향산安息香酸과 아스파라긴산이 있다고 하며, 해
열과 진통, 조혈작용을 하고, 복통, 위통, 두통 등 통증에도 쓴다고
한다. 산작약은 당귀보다 더 귀한 약초이므로 눈에 띄는 대로 캐다
가 말려 두고 당귀와 함께 끓여 마시던가, 영지와 함께 끓여도 향과
맛이 좋다.

산작약과 대추를 넣고 끓이면 독특한 맛을 볼 수 있고, 말린 모과와
함께 끓이면 감기예방에도 좋을 것이다. 거듭 말하지만, 당귀든 작약이
든 약이라고 생각하면 기분도 이상해지고 준비해 먹기도 번거롭다. 그
저 차를 끓여 마신다는 가벼운 생각으로 늘 상용하면 저절로 건강해 진
다고 나는 믿는다.

4. 칡뿌리

칡은 콩과에 딸린 덩굴식물이다. 땅으로 줄기를 뻗으면 쭉 곧게 100여 미터도 넘게 뻗어 나가고, 나무를 감고 올라가면 온통 나무 전체를 뒤덮어 결국 나무가 죽고 마는 왕성한 생육을 자랑하는 덩굴이다. 칡뿌리를 한방에서는 갈근葛根이라 하고, 꽃은 갈화葛花라 하여 약제로 쓴다. 칡뿌리는 약으로 쓸 뿐만 아니라, 옛부터 빼놓을 수 없는 훌륭한 구황식품이었다.

칡뿌리

요즈음은 길거리나 특히 유원지 주변에서 칡 즙을 짜서 파는 사람들을 흔히 본다. 나는 어디를 가든 그런 장사꾼을 유심히 보곤 하는데, 때로는 아름이 넘는 칡뿌리도 볼 수 있다. 그런 칡뿌리를 볼 때마다 대체 어디서 저렇게 굵은 것을 캐며, 무슨 재주로 저렇게 많은 량의 칡뿌리를 캘 수 있는지 궁금해지곤 한다.

칡은 마을 인근의 야산이면 어디서 왕성하게 자생하는 식물이지만, 사람 다리통만한 칡뿌리를 캐기란 그리 쉽지 않다. 번식력이며 생육이 그렇게도 왕성한 칡은 이상하게도 깊은 계곡이나 높은 산에는 없다. 참으로 묘한 조홧속이 아닐 수 없다.

우리 어릴 때는 봄이면 칡뿌리가 주전부리였다. 괭이 하나만 들고 산자락에 올라가면 얼마든지 캘 수 있었는데, 생것으로도 먹고 불에 구워 먹기도 했다. 통통하게 알이 밴 부분을 잘라 은은한 재 불에 구우면 고구마보다 달고 맛있다. 생것으로 먹으면 달큰한 수분은 많지만, 씹히는 감촉이 거칠고 칡가루를 알뜰하게 빨아먹을 수 없다. 하지만 구워 먹으면 씹히는 감촉도 부드럽고 알짜배기 영양분을 알뜰하게 빼먹고 뱉어버릴 수 있다.

어른들이 칡뿌리를 한 짐씩 캐다가는 도끼로 장작 빠개듯이 갈라서 안반에 놓고는 떡 치듯이 떡메로 펑펑 치던 광경이 눈에 선하다. 칡뿌리를 떡메로 쳐 곱게 으깨서 물이 담긴 함지박에 넣고 흔들면 칡가루가 빠진다. 그렇게 가라앉은 겉무거리는 밀가루와 버무려 개떡을 쪄먹고, 밑에 가라앉은 칡 녹말은 밀가루와 섞어 수제비나 국수를 해먹었다. 쌀가루와 섞어 시루떡을 찌면 찹쌀보다 차지고 맛이 있었다. 그 때는 끼니를 거르는 가난한 사람들이 칡뿌리를 캐다 먹었지만, 지금 생각하면 그게 바로 보약이었다.

요즈음은 어떻게 된 노릇인지 그 귀한 칡 녹말을 시중에서 파는데 값도 상상외로 싸다. 칡즙에 칡차, 칡가루. 그 많은 칡을 어디서 어떻게 캐는지 나는 도무지 이해가 되지 않는다.

최근에 칡가루라는 녹말가루를 구해서 밀가루와 섞어 전을 부쳐 먹어 보았다. 칡 맛은 전혀 없지만, 쫄깃쫄깃하니 밀가루와는 별다른 맛이 나기는 하지만 과연 칡가루가 틀림없는지는 아직도 의문이다. 나는 전국의 산을 돌아다니지만 칡을 전문으로 캐는 사람도 보지 못했고, 칡을 대량으로 캔 자리도 보지 못했다.

나는 한해 한 번씩은 일삼아 칡뿌리를 캐러 산행을 한다. 봄에 나물을 뜯으면서 가을에 캘 칡을 눈여겨보아 두었다가 낙엽이 진 뒤에 캐러 가는 것이다. 칡뿌리는 평평한 평지에서는 캐기 힘들다. 아니, 힘든 정도가 아니라 아예 엄두를 낼 수 없다. 한길을 넘게 파도 알뿌리가 나오지 않는 경우도 있다. 칡뿌리는 알이 밴 부분을 캐지 못하면 캐나마나이다. 뿌리줄기로 뻗어가다가 통통하게 살진 부분이 중간에 있는데, 그 살진 부분에 수분과 녹말이 저장되어 있다.

나는 산비탈이나 둔덕의 경사면에서 칡뿌리를 캔다. 그런 지역의 칡뿌리는 평지의 것들보다 가늘기는 하지만 힘이 훨씬 덜 든다. 괭이 하나만 있어도 흙을 아래로 긁어내리기만 하면 뿌리가 드러난다. 넝쿨줄기가 굵을수록 뿌리도 굵은데, 물론 뿌리가 굵을수록 캐기는 힘들다.

캐온 칡뿌리를 솔로 문질러 깨끗이 씻어 4~5cm 길이로 자른다. 자른 뿌리를 칼로 잘게 쪼개서 햇볕에 말리고, 알이 밴 부분은 따로 골라 큼직큼직하게 쪼개서 술을 담는다. 칡은 햇볕에 말려도 볕내가 나지 않는다.

칡술은 유리병에 담는 것보다 오지항아리에 담는 것이 좋다. 쪼갠

칡을 적당량의 흑설탕을 뿌려가며 담아서 밀봉해 두면 3, 4일 뒤에 발효가 된다. 그때 소주를 부어 밀봉해서 냉암소에 두고 한 달에 한두 번씩 휘저어 주어야 칡이 잘 우러난다. 설탕을 싫어하는 취향이라면 칡뿌리만 넣고 바로 술을 부어도 되는데, 소주는 꼭 알코올 30% 이상의 독한 소주를 붇는 것이 좋다.

혼히들 술을 담가두고 마냥 있다가 그냥 마시는데, 가양주는 가끔 휘저어 주어야 원료의 성분이 잘 우러나서 술맛이 좋다. 특히 칡이나 모과와 같은 단단한 원료라면 한 달에 한두 번씩은 저어 주어야 한다.

칡술은 적어도 5~6개월 지나야 맛이 들고 먹을 수 있다. 술을 한꺼번에 따라내고 다시 소주를 부어 재탕을 해도 술맛이 괜찮다. 재탕 술이 싫다면 술을 거르지 말고 그냥 둔 채 마시는 것이 좋다. 항아리 뚜껑을 자주 열면 김이 빠져나가므로 요령껏 따라놓고 마시는 것이 좋을 것이다.

쪼개서 말린 칡뿌리는 공기가 잘 통하는 대소쿠리 같은 그릇에 담아 두고 차를 끓여 마신다. 기호에 따라 진하게 또는 연하게 끓여서 냉장고에 넣어두고 물마시듯 먹으면 저절로 몸살감기 예방도 된다. 나는 술을 좋아하는데, 과음한 이튿날 칡뿌리 달인 물을 자주 마시면 갈증이 멎고 숙취가 빠르게 풀리는 것을 몸으로 체험할 수 있었다.

수많은 민간요법과 몸에 좋다는 건강보조식품이며 생약이 숱하게 많아도 직감적으로 효험을 느끼는 경우는 극히 드물다. 그러나 칡이 주독을 풀어주는 효과만큼은 즉시 몸으로 느낄 수 있다.

칡꽃도 뿌리에 못지않은 좋은 약효가 있다고 하지만 나는 먹어보지 않았다. 한방을 다룬 책을 보면, 칡꽃이 주독을 풀고, 고혈압을 다스리며, 식욕부진과 장출혈에도 효과가 좋다고 한다. 칡꽃은 7~8월에 등나무 꽃처럼 총상꽃차례로 피는데, 꽃이 타래중간쯤까지 피었을 때 따서 말리는 것이 좋다고 한다.

칡꽃

칡뿌리의 성분과 효능

칡은 다종류의 성분으로 구성되어 있다. 다이드자인, 다이드진, 게

니스테인, 파라쿠마릭산, 푸에라린, 케르세틴, 플라보노이드, 칼슘, 철, 마그네슘, 인, 칼륨, 비타민 B2 등이 주요 성분이라고 한다. 특히 칡에는 여성 호르몬인 에스트로겐을 대체하는 식물성 에스트로겐이 콩의 30배, 석류의 625배나 많다는 것이 실험 연구결과로 타났다. 이러한 성분들은 갱년기 증상 및 폐경기 여성에 좋으며, 골다공증에 매우 효과가 있다는 것이 밝혀졌다.

식물성 에스트로겐은 '파이토 에스트로겐'이라고도 하는데 이는 화학 구조가 여성 호르몬 에스트로겐과 비슷해 체내에서 에스트로겐과 유사한 작용을 나타내는 물질이라고 한다. 대표적인 것이 콩에 많이 들어 있는 것으로 알려진 이소플라본 성분이 여기에 해당한다.

말린 갈근

갱년기에 얼굴이 달아오르고 가슴이 두근거리고 두통이 나고 우울할 때, 칡을 먹으면 갱년기 증상이 호전되며 이는 남성에게도 효과는 마찬가지라고 한다.

한방에서는 칡이 달고 매우며 성질은 평하며 비장과 위에 효과가 좋으며, 살과 근육에 작용하여 근육이 뭉친 것을 풀어 특히 머리 아프면서 목덜미가 당기는 데 좋고, 몸의 진액을 보충해 주는 효능이 있어 구갈과 소갈에 좋다고 한다. 과음했을 때 마시면 주독을 풀어주고 복통, 설사, 구토,

식욕부진 해소에 효과가 있으며 고혈압, 두통, 불면증, 위장장애를
해소시켜 주는 효과가 있다고 한다.

5. 도라지

도라지 싹

　도라지도 초롱꽃과의 다년생이다. 짙은 보랏빛 꽃이 크지도 작지
도 않고 다소곳하니 예뻐서 화초로 키워도 보기 좋다. 나는 십사오
년 전에 손가락만한 도라지를 캐다 화분에 심었는데, 지금은 직경
30cm가 넘는 화분에 뿌리가 가득하다. 대여섯 가닥으로 벋은 뿌리
에서 싹이 여남은 대궁씩 자라 꽃이 피는데 그대로 도라지 꽃밭이다.

나는 원추리를 비롯하여 더덕, 초롱꽃 등 산나물이며 약초를 스무남은 분盆이 넘게 화초로 키운다. 뿐만 아니라 소나무를 비롯한 분재도 10여 종의 30여 분이 넘는데, 가지각색의 꽃과 잎이 봄부터 피고 지고, 가을이면 아름다운 단풍이 든다. 산행을 하지 않아도 여러 가지 야생 꽃과 나무를 매일 볼 수 있으므로 늘 즐겁다. 분재와 야생 꽃을 가꾸기란 여간한 노력과 번거로움을 감수하지 않으면 안 되지만, 취향과 적성에 맞는다면 한번 해볼 만한 취미라고 나는 생각한다.

도라지꽃은 맨 위의 순에서부터 꽃이 피기 시작하는데, 3~4일 지나면 꽃이 시든다. 시든 꽃을 즉시 따주면 잎겨드랑이마다 가지가 벌면서 꽃망울이 앉는다. 좀 잔인하다는 생각이 들기는 하지만 꽃이 지는 대로 따주면 가을까지 꽃을 볼 수 있다. 자연의 섭리란 참으로 오묘하다. 한낱 식물일지라도 씨를 맺을 꽃송이가 없어지고 나면, 씨를 맺을 때까지 계속 가지를 치고 꽃을 피우는 것이다.

도라지 역시 한방에서는 길경桔梗 또는 백약白藥이라 하여 약용과 식용으로 널리 쓰이는 약초인데, 옛날에는 기침이 심하고 목구멍이 붓는 독감에 백도라지를 달인 물로 입안을 자주 헹구고 먹기도 하였다.

그러나 뭐니 뭐니 해도 도라지는 식용으로 먹는 맛이 제일이다. 나는 도라지생채와 들기름에 볶은 도라지나물을 좋아한다. 우리 집에서 배추와 무 등 김치꺼리를 빼고는 유일하게 자주 사먹는 채소가 도라지이다. 재배도라지도 야생에 비하면 맛과 향이 훨씬 못하지만, 도라지는 쓴맛이 너무 진하기 때문에 외려 우려내는 경우도 있으므로 재배도 맛이 괜찮다. 도라지는 우리민족이 가장 애 볶는 산나물 중의 하나로 예로부터 제사에 쓰였던 삼색나물 중 하나이다.

야생도라지도 가을에 캐는데, 일삼아 도라지만 캐겠다고 나설 수

도라지

는 없다. 야생도라지는 그만큼 귀하다는 말이다. 9~10월의 가을산행은 더덕을 비롯하여당귀, 도라지, 잔대, 산작약 등 여러 가지를 목표진 음지에도 자라지 못하고 해발 천미터이상의 고산지대에도 없다.

도라지는 잡풀이 우거지지 않고, 떡갈나무를 비롯한 잡목이 듬성한 모래토질의 산비탈에 주로 자생한다. 더덕과는 달리 비교적 햇볕을 좋아하는 식물이다. 야생도라지는 재배도라지와 모양이 판이하게 다르다. 굵은 노두 밑으로 가늘고 길쭉한 목이 있고, 목 밑으로 살진 뿌리가 길게 뻗는다. 오래 묵은 것은 길이가 30cm도 넘는 것이 있는데, 그런 것은 두서너 뿌리만 캐도 한 근이 넘는다. 도라지타령에, '한두 뿌리만 캐어도 대바구니가 스리살살 넘는구나.' 하는 가락이 실감나서 저절로 흥얼흥얼 노랫가락이 나오기도 한다.

도라지는 씨로만 번식을 하기 때문에 나는 지역에만 듬성듬성 있는데, 역시 대궁이 실해야 뿌리도 굵다. 물론 어린것은 키워서 캐야 하고, 씨 꼬투리를 부서서 흙살이 좋은 주변에 골고루 뿌려주는 것을 잊지 말아야 한다.

야생도라지를 나물로 먹을 만큼 많이 캐기는 어렵다. 나는 캐온 도라지를 다음과 같이 먹는다. 우선 먹을 게 없는 뇌두와 목 부분은 잘라 껍질을 까지 않는 채 씻어 말린다. 몸통은 껍질을 까서 물기만

꾸덕하게 말려 장아찌를 담는다. 더덕과 섞어 담아도 되지만, 도라지는 쓴맛이 강하기 때문에 더덕의 향이 반감하므로 피하는 것이 좋다.

내가 연구개발(?)한 방법이 있는데, 잔대와 섞어 장아찌를 담는 저장방법이다. 잔대는 특별한 맛이 없기 때문에 외려 도라지와 섞으면 쓴맛이 배어 잔대 맛도 살아난다. 그렇게 두 가지를 섞어 장아찌를 담으면 양도 어지간해서 웬만한 통 하나는 채울 수 있고, 맛은 더덕 장아찌만 못하더라도 쌉쌀하고 독특한 맛을 즐길 수 있다.

말린 뇌두 부분은 모아 두었다가 당귀나 산작약을 달일 때 같이 넣어도 좋고, 더덕과 섞어 닭백숙에 넣어 먹어도 훌륭한 보양식이 될 것이다. 감기에 걸렸을 때 말린 도라지를 달여 먹어도 좋다고 하니까 그렇게 이용하는 방법도 있을 것이다.

도라지의 성분과 효능

도라지의 성분은 수분이 85%, 단백질 1.8%, 지질 0.2%, 다질 10.4%, 섬유 2.4%, 회분 0.5%를 함유하고 있다. 도라지는 당분과 섬유질이 많고 철분과 칼슘이 많은 우수한 알칼리성 식품이다. 도라지 뿌리에는 사포닌, 단백질, 당분, 칼슘, 철분, 회분, 인 같은 무기질이 많을 뿐더러 비타민 B1, B2도 다량 함유외어 있다.

도라지의 사포닌은 용혈작용이 있으며, 목안과 위의 점막을 자극하여 반사적으로 기관지 분비선의 분비를 향상시킨다. 따라서 가래 삭임작용을 하며, 진정, 진통, 열 내림작용을 주로 하는 중추억제작용과 항염증작용, 혈관확장작용 등이 있다. 민간요법으로도 많이 쓰이는데, 특히 인삼 대용으로 오래 쓰면 보약으로서도 좋다고 한다.

한방에서는 이뇨작용과 해독작용이 뛰어나서 소변이 잘 나오지 않는데 쓰며, 신장염, 신장결석, 백일해, 부인병, 산후복통, 신경쇠약, 장염, 두통, 축농증과 같은 질병의 예방이나 치료에 사용된다.

6. 잔대

잔대뿌리

잔대 역시 초롱꽃과의 식물인데, 꽃이 초롱꽃처럼 생기기는 했지만 꽃이 워낙 작아서 볼품은 없다. 도라지와 더덕은 화초로도 키워도 감상 가치가 있지만, 잔대는 키만 말쑥하게 커서 쓰러지기 때문에 관리하기가 곤란하다.

잔대를 한방에서는 백삼白蔘이라고 하며, 인삼에 버금가는 약효가 있다고 한다. 특히 강정 강장효과가 좋다고 하는데, 열이 많아 인삼이 체질에 안 받는 사람에게도 잔대는 좋다고 한다. 잔대싹도 나물로 먹고 먹뿌리에 못지않게 좋다는 것은 앞에서 언급했다.

잔대도 더덕이나 도라지와 함께 캐는데, 자생지는 서로 다르다. 더덕이 반 음지의 비옥한 토질에서 많고, 도라지가 습하지 않은 양지의 모래땅에 주로 자생한다면 잔대는 그 중간쯤의 지형과 토질에서 많이 볼 수 있다. 습하지도 않고 메마르지도 않은 적당한 경사면의 산비탈이거나, 휘움하게 구부러지는 능선에서 많이 보인다. 그러나 도라지와 마찬가지로 흔하지는 않다.

잔대도 도라지와 엇비슷하게 생겼다. 노두가 굵고 목 줄기는 가늘고 길어서 오래 묵은 산삼과 모양이 비슷하다. 특히 생육조건이 좋지 않은 지역에서 캔 잔대는 길쭉한 목과 날씬한 몸통이 몇 백 년 묵었다는 산삼과 아주 흡사하다. 산삼과 다른 점은 표피가 매우 거칠다.

토질이 좋은 어떤 지역의 잔대는 몸통 굵기가 손아귀가 벌고 길이도 30cm가 넘는 것도 더러 있다. 나는 그렇게 큰 잔대를 캐면 술을 담는다. 유리병에 두서너 뿌리를 넣고 술을 담아두면, 연한 담황색의 진액이 우러난다. 술맛도 은은하게 좋을뿐더러 누가 보아도 몇 백 년 묵은 거대한 산삼이라고 여길 만큼 보기도 좋다.

도라지는 여름에 캐도 뿌리가 단단하고 먹을 만한데, 잔대는 일단 싹이 돋아 한 뼘 이상 자라면 먹을 수 없다. 뿌리가 쭈글쭈글 해서 그야말로 스펀지 같고 아무런 맛도 없다. 그러나 가을에 캐면 통통하니 살이 지고 씹히는 감촉도 사근사근한데, 껍질을 까면 하얀 진이 더덕처럼 많이 나온다.

잔대는 특별한 향은 없지만, 더덕이나 도라지와 달리 쓰지 않고 맛이 달다. 생으로 고추장에 찍어 먹어도 맛이 그만이고, 더덕처럼 자근자근 두드려 양념장을 발라 구우면 잡맛이 없어 그야말로 끝내준다. 도라지처럼 뇌두와 목 줄기는 잘라 말려 두었다가 도라지와 섞어 달려 먹어도 좋고, 인삼 대용으로 닭백숙에 넣으면 좋다.

앞에서도 말했지만 도라지와 섞어 장아찌를 담아두고 입맛이 없을 때 가끔 꺼내 먹으면, 천리만큼 달아났던 입맛이 기겁을 하여 돌아오고 기운이 저절로 솟는 것을 몸으로 느낄 수 있을 것이다. 특히 감기몸살을 며칠 앓고 난 뒤에 흰죽을 쑤어 먹을 때, 잔대와 도라지 장아찌를 곁들여 먹으면 그 맛은 기막히게 좋다. 구태여 따로 몸 추스를 보양식 찾을 필요도 없을 것이다.

그리고 보면 도라지와 더덕은 옛부터 재배를 많이 하는데, 잔대는 왜 재배를 안 하는지, 못하는지 나는 그 이유를 알 수가 없다. 식용과 약용으로도 도라지와 더덕을 능가하는 데도 말이다. 게다가 도라지와 더덕과는 또 달리 잔대는 그 싹도 맛이 좋아 고급 산나물이 될 수도 있을 것이다.

잔대의 성분과 효능

한방에서 사삼이라고 말하는 잔대의 주성분은 사포닌과 아연. 마연 성분은 성장발육을 촉진시키며 성기능을 높이는 작용을 한다는 것이 밝혀졌다.

한방에서는 산후풍, 기침, 가래(거담), 천식, 경기, 해열, 기관지염, 이뇨작용, 고혈압, 특히 여성 질환인 부인병에 좋다고 한다. 최근에는 TV

잔대싹

등 매스컴을 통해 잔대가 생명연장의약초로 널리 알려지고 있다.

그러나 잔대를 비롯한 모든 약용산나물이나 야채는 한두 번 또는 가끔 먹어서는 그 효험을 충분히 볼 수 없다. 그렇다고 그 많은 산나 물류와 약용성 식품을 모두 섭취할 수도 없다. 다만 이러이러한 먹 거리들이 질병을 예방하고 치료도 가능하다는 것을 염두에 두고 자 기의 식성에 맞는 먹거리들을 찾아 자주 먹으며 자신의 건강을 관리 하다보면 건강은 저절로 지켜진다는 관념을 갖는 것이 중요하다.

7. 창출과 백출

창출과 백출은 이름이 다르지만 한 식물의 뿌리다. 한방에서 창출 과 백출이라고 하는 뿌리의 싹이 바로 산나물 편에서 언급한 삽주싹 이다. 한방에서는 같은 뿌리지만 모양이 서로 다르고 약효도 다르기 때문에 창출과 백출로 구분하여 부른다. 삽주의 뿌리는 노두에서부 터 딱딱한 줄기로 뻗다가 끝 부분에서 밤톨처럼 알뿌리로 뭉치는데, 그 뭉친 알뿌리가 백출이고 줄기 뿌리가 창출이다.

창출과 백출

삽주의 줄기 뿌리인 창출을 생약 명으로는 산정山精 또는 적출赤朮이라고 하는데, 땀을 내게 하는 성분이 강해서 소화기를 범한 외감을 풀어주는 약효가 있다고 한다. 창출을 말리면 나뭇가지처럼 굳어지는데, 나는 마르지 않은 상태로 술을 담는 데만 이용했지 약으로 먹어본 적은 없다.

백출은 창출과는 영판 달리 더덕처럼 연하다. 잔뿌리를 뜯어내고 껍질을 벗기면 깎은 밤처럼 하얗기 때문에 삽주 출朮자에 백출白朮이라고 한다. 백출을 생약 명으로는 산계山薊 산강山薑 마계馬薊 걸력가乞力枷라는 여러 가지 이름이 있는 것으로 보아 널리 쓰이는 약제라는 것을 알 수 있겠다.

나는 이 글을 쓰기 위하여 생약도감과 한방에 관한 책을 뒤져보았다. 삽주의 뿌리에는 '아트락틸론'이라는 성분이 있는데, 위액을 분비시키고 조절하는 작용이 강하다고 한다. 따라서 위장질환에 좋은 효과를 내며, 해열과 진통, 이뇨와 빈뇨에도 효능이 있고, 감기에도 좋다고 한다.

백출 껍질을 긁어내고 물에 씻으면 기름이 뜬다. 인공으로 짠 기름처럼 방울이 지며 물에 동동 뜨는 것이 아니라. 송진 기름이나 석유처럼 확 퍼진다. 그런 기름을 방향성정유芳香性精油라고 한다. 방향유芳香油는 식물의 줄기나 잎, 뿌리, 꽃에서 뽑아낸 휘발성이 강한 기름인데, 향기가 짙어 물약의 맛과 향을 내는데 쓴다.

나는 삼십대 초반에 심한 위장병으로 고생한 적이 있었다. 별별 약을 다 먹어도 듣지 않았고, 닭의 멀떠구니(닭의 모래주머니 속껍질)가 좋다고 하여 볶아 먹어 보아도 늘 그 타령이었다. 나중에는 한약을 먹으면서 백출 가루를 곁들여 먹었다. 한약 한 제와 백출 가루를 달장간이나 먹었더니 확실하게 효과가 나는 것을 몸으로 느낄 수 있었다.

그 뒤에도 백출 가루를 한 달간 더 먹었는데 위장병이 시나브로 없어졌다. 한약을 먹어서 나았는지, 약 먹는 동안 술을 조심해서 나았는지, 백출 가루가 효험이 있었던지 간에 나는 그 뒤로 위장에 탈이 난 적은 없었다.

삽주싹을 나는 어릴 때는 많이 먹었지만, 장년이 되어서는 구경도 못하다가 등산을 하면서부터 삽주싹을 뜯어다 먹었다. 하지만 그 뿌리인 백출을 먹은 것은 십여 년 전부터다. 청출과 백출을 먹기는 해도 약으로 먹은 것이 아니라 술을 담아 마시고 차를 끓여 마셨다. 삽주 뿌리를 통째로 삶아 그 물로 찹쌀술을 빚으면 불로장생의 약주가 된다지만, 나는 생 뿌리에 소주를 부어 가양주家釀酒를 담았으니, 불로장생의 약효가 있는지 없는지는 모르겠으되 술맛은 썩 좋아 해마다 담는다.

백출도 더덕이나 도라지를 캘 때 곁들여 보이는 대로 캐야한다. 도라지나 잔대가 자생하는 지역에는 삽주도 있지만, 더덕이 주로 많은 지역에서는 삽주가 드물다. 삽주는 캐기가 매우 신경 쓰이고 까다롭다. 열 뿌리를 캔다면 세 네 뿌리 정도는 진짜배기인 백출은 찾지 못한다. 노두에서 줄기뿌리가 길게 뻗어나가 끝에 알뿌리가 있기 때문에 줄기가 끊어지면 백출을 찾기 어렵다. 참 이상한 것이, 줄기가 끊어진 뒤에 부근을 모두 파 헤집어도 알뿌리는 찾을 수 없다.

삽주는 마음먹고 캐면 하루 1kg 쯤은 캘 수 있다. 나는 창출과 백출을 약으로 먹지는 않고 술을 담아 먹으므로 술 담는 요령만 설명하겠다. 캐온 삽주는 잔뿌리를 다듬고 창출과 백출을 분리한다. 잔뿌리를 뜯어내고 칼로 긁듯이 껍질을 벗긴다.

창출은 동강동강 가위로 자르고, 백출은 잘게 썰어 씻은 다음 물기 없이 시들시들해지도록 말린다. 창출과 백출을 섞어 흑설탕을 조금씩 뿌려가며 용기에 잰 다음 밀봉해 두면 3~4일 뒤에 발효가 된다. 그때 술을 붓는데, 단 것을 싫어한다면 설탕을 적게 넣어도 좋고 아예 넣지 않아도 된다. 설탕을 넣지 않을 경우는 바로 술을 붓는다.

가양주는 재료가 무엇이든 간에 냉암소에 보관하는 것이 좋다. 유리병보다는 작은 항아리가 더 좋고, 가끔씩 휘저어 주는 것이 숙성을 돕고 원재료의 성분을 알뜰하게 우려내는 요령이다. 백출 술은 5~6개월 지나야 숙성이 된다. 술을 따라두지 말고 그냥 때때로 마시는 것이 좋다.

백출술은 쓰면서도 그 맛과 향이 기막히게 좋다. 우아하게 쓴 맛! 나는 그 술의 맛을 그렇게 표현한다. 코를 톡 쏘는 그 우아한 쓴맛은 환상적이다. 속이 더부룩할 때 백출술을 한잔 마시면 금방 트림이 나고 속이 편해진다.

최근 미국의 어느 학자가 연구한 바에 의하면, 쓴맛은 혀 전체에서 감지한다고 한다. 우리는 지금까지 혀에서 쓴맛을 감지하는 부분이 목젖 바로 밑인 혀뿌리부분이라고 알고 있었다. 나는 그 학자의 말을 믿는다. 요즘 세상에 맛이 쓴 음식을 나만큼 많이 즐겨 먹는 사람도 드물 것이다. 지금까지 언급한 산나물과 산나물의 뿌리 중에 쓴맛이 나지 않는 것이 거의 없을 정도니, 내 말이 이해가 될 것이다.

나는 그 쓴 나물들을 먹을 때마다 느끼곤 했었다. 쓴 음식을 씹으면 온 입안이 화끈하도록 쓰고, 일단 목구멍으로 넘기고 나면 감미롭고 우아한 쓴맛의 여운으로 정신마저 황홀하다. 쓴맛을 혀뿌리부분에서만 감지한다면, 우아하게 쓴맛까지 감지하여 정신을 황홀하게 하지는 못할 것이다.

미국의 그 학자에 의하면, 지금까지 우리가 알고 있는 쓰고, 달고, 시고, 짠맛 외에 감미甘味라는 제5의 맛이 있다고 한다. 여기서 말하는 감미는 단맛이 아니다. 음식의 감미로움을 느끼는 맛을 말하는 것 같은데, 나는 그 맛이 우아미優雅味가 아닐까 생각한다. 맛에는 분명 달지도 쓰지도 시지도 않은 우아하게 아름다운 맛이 따로 존재한다는 것을 나는 번번이 느끼고 있으니까.

인공감미료나 사람의 손에 의해서 키워지고 만들어진 먹거리에서는 그 우아하게 아름다운 맛을 전혀 느낄 수 없다. 대자연의 품속에서, 자연의 섭리에 의해 가꾸어진 먹거리에서만 제5의 맛이라는 감미를 느낄 수 있다고 나는 믿는다.

프랑스와 스위스에서 생산되는 술 중에 압생트(Absinthe)라는 매우 쓰고 독한 술이 있다. 그 술의 원료가 초룡담草龍膽이라는 약초의 뿌리라고 한다. 흔히 용담龍膽이라고 하여 우리나라 한방에서도 건위제로 쓰이는 귀한 약제 중의 하나이다.

나는 알코올 70%짜리 압생트를 마셔본 적이 있었는데, 백출로 담은 술맛이 그 압생트와 아주 흡사했다. 백출술을 개봉하여 처음 맛을 보는 순간, 그 우아하게 쓴맛과 짙은 향기에 넋을 빼앗기고 말았다.

한데 그 술맛과 비슷한 술을 언제 어디선가 마셔보았던 기억이 떠올랐지만, 그 술이 무슨 술이었는지는 도무지 생각나지 않았다. 백출 술을 매일 한두 잔씩 마시면서 그 맛의 기억을 되살리려고 애쓰다가 대엿새가 지난 뒤에 마침내 '압생트!' 하며 무릎을 쳤다. 프랑스의 시인 보들레르와 소설가 모파상이 즐겨 마셨다는 압생트의 맛을 우연찮게 내가 만들어 낸 것이다.

창출 · 백출의 성분과 효과

삽주 뿌리의 주성분은 방향성 정유인데, 정유의 주성분은 아트락틸론(Atractylon)이다. 이밖에 디아스타제, 이눌린, 베타세리빈, 아트락타론, 비타민을 비롯한 기초 영양가가 풍부한 불로장수약재로 밝혔다.

한방에서는 건위제로 위염과 만성위염, 식욕부진, 만성소대장염, 소화불량, 식체, 토하고 설사하는데 주로 쓴다. 또한 이뇨, 진통, 해열, 신장기능장애로 인한 빈뇨증, 팔다리통증, 감기, 복막염, 땀이 나게 하여 담음痰飮을 치료한고 하였다.

이밖에도 거의 만병통치에 가까운 약효가 있지만 그 모든 것들을 알 필요는 없을 것이다. 다만, 삽주의 뿌리가 불로장수의 생약재라는 것만 강조하고 싶다. 지금은 재배도 많이 하여 시중에서 쉽게 구입 할 수도 있음으로 자신의 질환에 맞게 응용해서 쓴다면 효과를 볼 수도 있을 것임을 강조한다.

제4부 야생과실

나물이나 야생 구근류에 비해 야생과실은 그리 많지 않다. 내가 소개하고자 하는 여덟 종류 외에도 있기는 있지만, 노력한 만큼의 대가도 취할 수 없을뿐더러 구태여 먹을 만한 가치도 없다. 야생과실은 나무나 넝쿨에서 열매를 맺기 때문에 산나물이나 구근류처럼 자생지 보호나 번식조건에 그리 신경 쓰지 않아도 좋다. 무지막지하게 나무를 배어 넘기고 넝쿨을 찍어버리지 않는다면, 거의 해마다 그 나무 그 넝쿨에서 귀중한 열매를 딸 수 있다.

그런 과실나무나 넝쿨을 몇 그루쯤 보아두면 두고두고 해마다 과수원의 과일 따듯이 따먹을 수 있는데도, 사람들은 약간의 힘도 들이기 싫어서 나무를 배고 넝쿨을 자른다. 산을 탈 자격도 없는 몰지각한 사람들이다.

산을 계속 타다보면 혼자만 아는 나물밭을 맡아놓게 되듯이, 산행을 계속하다보면 머루 다래나무 몇 그루쯤도 보아두게 마련이다. 산나물을 뜯으러 가서도 주의 깊게 살펴보는 버릇을 들이면, 꽃이 피어 있거나 어린 열매가 열린 나무나 넝쿨을 볼 수 있다. 그런 나무들

을 눈여겨보아 두었다가 가을에 따면 된다. 혼자만 아는 귀중한 과
실나무를 찍어 넘길 어리석은 사람은 없을 것이다.

노력은 하는 만큼의 대가를 분명하게 받는다. 남들이 한다고 조급
하게 조바심하며 뒤만 쫓아다녀서는 소득이 없다. 자연을 알고 산을
알게 되면 저절로 다래도 보이고 머루도 보이게 마련이다. 보이는
것들을 소중하게 여기면 그만한 수확도 거둘 수 있다. 사람은 죽을
때까지 배우며 산다. 살다보니 배울 게 너무나 많다. 그 많은 것들을
언제 다 배우고 죽을까 생각하며 산행을 하다보면 혼자서도 심심찮
아 좋다.

1. 고무딸기(복분자)

야생 복분자

고무딸기 또는 곰딸기라고도 하는 산딸기를 한방에서는 복분자覆盆子라고 한다. 고무딸기는 장밋과의 좀나무인데, 높이가 2~3m 쯤으로 휘움하게 자란다. 산딸기는 나무딸기, 멍석딸기, 넝쿨딸기 등 네댓 종류가 있지만, 그 중에서도 고무딸기가 맛도 으뜸이고 비교적 많은 편이다. 고무딸기는 여느 산딸기처럼 한 알씩 열리는 것이 아니라 새로 돋은 순 끝에서 송이를 지어 열린다. 한 송이에 여남은 알 이상씩 소복하게 열리는데, 한꺼번에 익지 않고 송이 끝에서부터 밑으로 내리 익기 때문에 채취도 두서너 번에 걸쳐서 할 수 있다.

전라도 지역에서는 복분자를 많이 재배하는데, 재배 복분자는 새카맣게 익고, 야생은 빨갛게 익는다. 따라서 나무의 생김새도 열매의 모양도 다르다. 그러나 복분자 술은 마셔 보았는데 내가 집에서 담은 술과 맛이 비슷했다.

지난해 가을에 남도 특산물전이 열리는 것을 TV에서 보았는데, 복분자술 옆에 웬 요강이 하나 있었다. 프로진행자가 요강을 들고는 이것도 파는 것이냐고 묻자, 복분자술을 파는 사람이 대답했다. 복분자술을 마시면 요강이 뒤집히기 때문에 실험을 해 보이려고 옆에 두었다고 말해서 웃은 적이 있었다.

한자로 복분자覆盆子는 엎어질 복覆자에 동이 분盆자를 쓴다. 동이 분盆을 요강 분盆이라고도 한다. 한방에서는 복분자를 자양, 강정과 강장, 특히 음위陰痿에 뛰어난 효과를 내는 약제라고 말한다. '음위'라는 단어를 국어사전에서 찾아보았다. '음위: 남자의 생식기병의 한 가지. 지나친 방사, 용두질, 만성 임질 따위로 생식기의 기능이 없어지거나 위축되는 병.' 이라고 되어 있다.

그러한 병인 음위에 뛰어난 효과가 있다면, 복분자는 시쳇말로 정력제임에 틀림없다. 그렇다면 복분자술을 파는 사람이 하던 말이 그럴 듯하다. 하지만 나는 복분자술을 내리 5~6년간 장복을 하다시피 마시지만, 아직 요강을 뒤집어보지는 못했다. 요강도 요강 나름인가는 모르지만……

그 좋다는 복분자술을 어떻게 내리닫이 5~6년간 장복을 하느냐고 궁금하게 여기는 사람이라면, 지금부터 내가 하는 말과 요령을 잘 터득하면 복분자술과 복분자차를 장복할 수 있을 것이다. 그러나 분명하게 말하지만, 나는 아직 복분자차는 마셔보지 않았다. 그래서 요강을 못 뒤집었는지도 모르겠다. 술을 담는 복분자와 차의 재료가 되는 복분자의 채취시기가 다르고 복분자로 차로 만들기는 좀 번거롭다.

고무딸기는 양지쪽의 돌서덜 지대에 주로 자생한다. 그 험한 돌서덜 틈바구니에서 탐스러운 열매를 익히는 고무딸기 넝쿨을 보면 탄성이 터지고 저절로 머리가 숙여진다. 깊은 산의 계곡이나 산중턱으로는 임도나 군용도로가 있는데, 고무딸기는 그런 도로 주변에 많다. 고무딸기가 자생하는 주변에는 나무딸기도 많다. 나무딸기는 고무딸기처럼 소담스럽지도 않고 맛도 훨씬 못하다. 두 종류의 산딸기가 익는 시기도 같고 자생지도 같기 때문에 눈에 띄는 대로 섞어 따도 괜찮다.

약제나 차로 이용할 고무딸기는 빨갛게 익기 전에 송이 째로 따서 말린다. 딸기의 형태가 갖추어지고, 열매를 싸고 있는 표피가 빠끔하니 벌어질 때가 적기일 것이다. 여느 산딸기와는 달리 고무딸기는 알을 싸고 있는 표피가 있는 것이 특징이다. 송이 째 따온 푸른 딸기를 그냥 햇볕이 말려 쓴다지만, 나는 이용해보지 않아 그 이상은 말하지 못하겠다.

고무딸기는 7월 중순부터 익기 시작한다. 해마다 절기의 늦고 이름에 따라 4~5일간의 차이가 나기는 하지만, 7월 중순경부터 초벌 채취를 할 수 있다. 딸기는 산나물과 달리 자생지가 한정되기 때문에 누가 먼저 따갔다면 적어도 사나흘은 기다려야 딸 수 있다. 적기를 놓치면 허탕 치기 일쑤다.

딸기밭도 혼자만 알고 있는 독밭 한두 군데쯤은 맡아두는 것이 요령이다. 독밭이 동떨어지게 따로 있을 수는 없고, 고무딸기가 군락을 이루는 주변의 어느 계곡 한 귀퉁이나 외진 모퉁이 한두 군데를 눈여겨보아 두는 것이다. 고무딸기는 좀나무이기 때문에 줄기가 밀생하는데, 한 무더기 잘 만나면 한 됫박쯤 따기는 쉽다.

강원도 화천이나 경기도 가평지역의 깊은 계곡에 고무딸기 자생지가 많지만, 워낙 많이 알려져서 좀체 얻어먹기 힘들다. 아예 딸기밭 옆에 텐트를 치고 살

익기 전에 채취한 복분자

림을 차리는 극성파들도 있어 꼴불견이다. 비록 군락지는 아니더라도 계곡의 돌서덜 지대나 산중턱의 임도 주변을 슬슬 돌아보면 의외로 짭짤한 수확을 거둘 수도 있다.

딸기를 따러 갈 때는 몸 단도리를 단단히 해야 한다. 딸기나무는 가시가 많기 때문에 아무리 삼복더위이지만 꼭 긴소매 옷을 입어야 하고, 돌서덜 지역에 독사가 많으므로 긴 바지에 운두가 높은 등산화를 신는 것이 안전하다. 장갑도 준비해야 가시에 손등을 긁히지 않는데, 딸기를 따기에 우둔하다면 손가락 부분만 자르면 된다. 가벼운 플라스틱 들통(바께쓰)을 큰 것과 작은 것 두 개를 준비하여 큰 들통은 고정된 장소에 두고 작은 들통에다 딸기를 따서 큰 통에 쏟으며 딴다.

따온 딸기는 설탕을 넣고 끓여 산딸기 잼을 만들기도 하고, 설탕에 재워 유리병에 넣어 냉장고에 두고 생딸기 잼으로 먹기도 한다.

나 같은 경우는 거의 술을 담는데, 술 담는 요령은 간단하다.

딸기에 흑설탕을 자기 취향에 맞게 뿌려가며 오지항아리에 담고 2~3일 발효시킨다. 술을 부으려고 뚜껑을 개봉하면 딸기와 설탕이 발효가 되어 코를 톡 쏜다. 대략 딸기가 한 말 정도라면 되들이 페트병 소주를 열 병정도 부으면 원액이 진한 복분자술이 된다.

취향과 기호에 따라 설탕과 술을 가감해도 좋은데, 소주는 알코올 30%이상의 독한 술을 부어야 복분자술 맛이 오래 두어도 변하지 않는다. 나는 거의 35% 짜리 소주를 붓지만, 리쾨르식 소주보다는 보통 때 마시는 희석식稀釋式 소주를 이용한다. 내 경험에 의하면 희석식 소주를 이용한 가양주가 맛이 부드러운 것 같은 느낌이 들어서 해보는 말이다.

여느 과일 술은 가끔 저어 주어야 원액이 잘 우러나지만, 복분자는 그 자체가 수분이기 때문에 휘저으면 딸기가 모두 풀어져서 술이 걸어진다. 한 달쯤 지난 뒤에 항아리를 좀 세게 흔들어주고, 20여 일 지난 뒤에 한 번 더 흔들어 주면 술맛이 좋아진다. 3개월이 되면 술을 거른다. 건더기가 일어나지 않도록 술만 떠내고, 초벌 소주 량의 1/3 정도로 덧술을 붓는다. 즉 재탕을 하는 것이다.

복분자술은 맛도 맛이지만, 그 색깔이 우선 환상적이다. 아무리 좋은 포도주라도 복분자술의 짙은 핑크빛을 따를 수는 없다. 세상의 어느 과실도 산딸기의 색깔처럼 자줏빛으로 아름답게 익는 과실이 없다는 것을 생각하면 짐작이 갈 것이다.

그 술맛에 대해서는 감히 말로 설명할 수 없다. 다만 과실주 중의 과실주라고 밖에는 달리 말할 수 없고, 마셔본 사람만이 그 맛을 안다. 색깔과 향기가 짙은 과실주는 그냥 꿀꺽 마셔서는 맛과 향을 느낄 수 없다. 입안에 잠시 머금고 혓바닥 전체로 맛을 음미하며 천천히 마시면 정신이 황홀하다.

나는 술이 익으면 가까운 사람들에게 한 병씩 선물하는데, 받는 사람마다 어느 선물보다 반가워한다. 복분자술이 익으면 산행을 같이 하는 일행들끼리 돌아가며 서로의 술맛을 보고 품평도 한다. 똑같은 재료지만, 설탕의 가감과 원재료와 소주의 비율에 따라 맛이 각기 다르게 마련이다. 가양주 모임이 있는 날은 언제나 즐겁다. 각자 술 담는 요령을 비교하고 술맛을 평가하며 우정을 다진다.

그런 날이면 흥에 겨워 늘 시조 한 수씩을 곧잘 읊조리는 친구가 있다. 그 친구는 조선시대의 시조와 한시 2백여 수를 암송하는데, 그가 좋아하고 또 우리가 듣기 좋아하는 시조 중에 한 수를 여담 삼아 소개한다.

자네 집에 술 익거든 부디 날 부르시소
내 집에 꽃이 피면 나도 자네 청하옴세
백년 덧 시름 잊을 일을 의논코자 함이라.

조선 인조대왕 때 영의정을 지낸 잠곡潛谷 김육金堉의 시조다. 백년 덧 시름 잊을 일을 의논할 지기지우……. 그런 친구가 과연 내게도 있는지 때로는 문득 돌아볼 때가 있다. 우리가 자주 어울리는 친지는 대여섯 되지만, 산행을 주로 같이 하는 친구는 셋이다. 그 중에 한 사람은 사업에 실패하고 죽음을 결심했던 친구도 있다.

그 친구는 목을 맬 결심으로 산에 올라갔는데, 빨랫줄을 나뭇가지에 걸어놓고는 올가미를 만들다가 어느 노인에게 들켰다. 도토리를 줍던 그 노인은 친구를 물끄러미 바라보더니, 천천히 다가와서 친구

가 만들던 올가미를 빼앗아 더 튼튼하게 만들어 친히 목에 걸어주며,

"날 괘념치 말고 어서 죽게나." 하고는 돌아서더란다.

친구는 마치 뭐(?) 하다가 들킨 것처럼 기분이 엉망이 되고, 하도 어이가 없어 노인의 등짝을 한참 꼬나보다가 제 손으로 목에 걸린 올가미를 벗기고는, 노인의 앞에 털썩 꿇어앉았다고 했다.

노인은 무연하게 친구를 한참 내려다보더니,

"도토리 줍고 산나물만 뜯어다 먹어도 명이 짧아 못 산다네. 죽을 결심으로 살면 세상에 겁날 것이 없으련만……!"

노인은 말꼬리를 지르르 끌며 휘적휘적 산비탈을 내려갔는데, 안 반짝만하게 큰 노인의 등짝을 하염없이 바라보던 친구는 그 뒤를 진동한동 따라갔다고 했다. 우리 친지들 중에 그 친구가 지금 가장 극성맞게 살고 있다.

복분자의 성분과 효능

복분자의 성분을 분류별로 보면, 탄수화물로는 포도당 43%, 과당 8%, 서당 6.5%, 탄닌, 아세토인, 벤즈알데히드 등이 함유되었으며, 유기산으로는 레몬산, 사과산, 포도주산, 실리실산, 카프론산 등이 함유되어 있다. 비타민은 비타민B와 C가 풍부하며, 색소성분으로는 폴리페놀, 안토시안, 염화시아닌 배딩체가 함유되었다.

복분자의 효능역시 만병통치에 가깝다. 산화 작용으로 노화억제, 동맥경화예방, 혈전예방, 살균효과를 가지고 있으며, 복분자의 탄님 성분은 체내에 생성된 독성분인 알카로이드의 인체흡수를 막고 노

채취한 복분자

폐물을 배출시켜 항암효과를 높인다. 사포닌은 항암, 거담, 진해, 콜레스테롤, 분해촉진에 효과적이라는 것이 밝혀진 사실이다.

동의보감에는 독이 없고, 달며, 노화억제, 시력강화, 정자와 난자수가 증가하며, 불임에 도움이 되며, 허약체질개선, 간 기능강화, 기억력강화, 혈관보호, 신장과 폐질환에 유효하며 어린이부터 노약자까지 건강에 이로운 효능이 있다고 기록했다.

2. 오디

뽕나무에 열린 오디

  오디가 뽕나무의 열매라는 것을 모르는 사람은 없을 것이다. 뽕잎은 누에를 치는 먹이로 쓰지만 사람이 먹기도 한다. 뽕잎도 따면 하얀 진액이 나오는데, 산나물의 즙액보다는 색이 옅고 묽다.

  뽕잎이 연할 때 생으로 쌈을 싸먹어도 되고, 살짝 데쳐 쌈으로 먹기도 하지만 맛은 별로 좋지 않다. 고혈압에 좋다고 하여 맛을 볼 겸 먹어보았는데, 역시 약으로 생각해서 그런지 구태여 뽕잎을 먹고 싶은 생각은 없었다. 뽕잎을 말려 차로 끓여먹어도 좋다지만, 나는 그것도 마셔보지 않아 맛을 모르겠다.

하지만 뽕나무는 한약제로 널리 쓰인다. 껍질과 뿌리를 상백피桑白皮 상근피桑根皮라 하여 해열, 진해, 이뇨 특히 고혈압에 좋다고 한다. 옛부터 뽕나무 약제를 선약仙藥이라 하여 신선이 먹었다지만 나는 아직 약으로도 먹어보지 않았다. 그러나 뽕나무의 열매인 오디는 어릴 때부터 많이 먹었다. 그러므로 먹어본 것만 말할 수밖에 없다. 거짓은 곧 사기다.

오디는 파랗게 자라서 빨갛게 여물었다가 까맣게 익는다. 새카맣게 익은 오디의 색깔은 그렇게 아름다울 수가 없다. 반짝반짝 윤이 나는 흑진주 같은 그 새카만 오디! 뽕나무에 올라앉아 오디를 실컷 따먹고 나면, 손가락도 입술도 혓바닥도 온통 새카맣다. 한참 뒤에 오줌을 누면 오줌도 거무스레하고, 이튿날 똥을 누면 똥도 새카맣다.

새카만 오디를 한 움큼 따서 한입에 털어 넣고 씹는 그 맛이라니! 초등학교 다니던 시절, 초여름 한철 점심 한 끼는 오디로 때웠다. 나는 지금도 오디만 보면 비호처럼 달려들어 허겁지겁 따먹고는 한다.

옛날에는 뽕잎으로 누에를 쳤기 때문에 오디가 실하게 열리지 않았다. 잎을 따면 열매가 옹골지게 여물 수 없기 때문이다. 담배 밭 주변이나 그 밭둑에 있는 뽕잎은 누에를 먹일 수 없기 때문에 오디가 실했다. 크기가 손마디만큼씩 커서 몇 개만 따도 한 움큼이었다. 누에는 워낙 예민해서 농약냄새나 담배냄새가 밴 뽕잎은 먹지 않을뿐더러, 먹더라도 모두 죽어버린다. 그러나 지금은 누에를 치지 않기 때문에 시골에 가면 탐스럽게 열린 오디를 얼마든지 딸 수 있다.

특히 옛날에 누에를 많이 치던 고장이라면, 산자락 밭둑이나 개울가 버덩에 늙은 뽕나무가 많다. 그런 곳에 가면 오디 한 말쯤 따기는 식은 죽 먹기다. 오디를 한자로는 상실桑實 또는 상심桑椹이라고 한다. 한방에서는 오디를 상심자桑椹子라고 하여 늙지 않는 선약이라 했다. 상심자로 담은 술을 장복하면 흰머리가 검어진다고 하였는데, 나는 지금 그 오디술을 말하고자 서론이 길었다.

나는 해마다 고향 근처에 가서 오디를 따온다. 아침 일찍 출발하면 당일치기도 할 수 있고, 때로는 하룻밤 묵기도 한다. 우선 오디를 보면 배가 불룩하도록 실컷 따먹는다. 일단 배를 채우고 나서 오디를 따기 시작한다. 술을 담을 오디는 빨갛게 여물기만 하여도 새카맣게 익은 것과 섞어 따면 괜찮다. 새카맣게 잘 익은 오디만 따서 술을 담아본 적이 있었는데, 새카만 술의 색깔이며 그 맛이 그대로 예술이었다. 그토록 아름답게 검붉은 색깔의 술은 아직 이 세상에 없다.

빨갛고 검은 오디를 마구잡이로 따면 금방 마음먹었던 만큼의 양을 채울 수 있다. 외려 덜 익은 오디와 섞으면 새큼한 맛이 진해서 술맛도 좋다. 오디나 복분자로 술을 담을 때는 씻을 필요도 없고 씻을 수도 없다. 복분자는 심산유곡에 자생하므로 씻을 필요가 없지만, 오디는 마을 근처에 있기 때문에 씻어서 금방 먹을 오디라면 상관없겠지만, 술을 담을 오디라면 인가 근처나 도로변의 뽕나무는 피하는 것이 좋을 것이다.

오디술에는 설탕을 약간 치는 것이 술맛도 향도 훨씬 진하다. 다만 기호에 따라 설탕을 가감하는데, 특히 오디술에는 색깔이 짙은 흑설탕을 쓰는 것이 술의 색깔을 내는데도 좋다는 것을 경험했다.

술을 담는 용기는 되도록 오지항아리를 쓰는 것이 좋다. 오디에다 설탕을 골고루 뿌리고 밀봉해서 냉암소에 3~4일 둔다. 시일이 지난 뒤에 뚜껑을 열면 발효된 냄새가 새큼하게 코를 쏜다. 냄새가 진할

수록 술맛이 좋아진다.

취향과 기호에 따라 재료의 비율을 가감하겠지만, 내 경우는 오디 한 말이면 되들이 소주 열 병 정도를 붓고, 설탕은 500g쯤 친다. 한 달쯤 지나서 나무막대기를 항아리 밑바닥까지 넣어 가볍게 저어 주는 것이 술을 숙성시키는 요령이다. 두 달이면 술을 마실 수 있는데, 석 달이 지난 뒤에 거르는 것이 좋다. 그 동안 네댓 번 정도 저어주는 것이 좋다.

초벌 술만 마시고 버리기에는 오디가 너무 아깝다. 진액이 다 우러나지 않았으므로 덧 술을 부어 알뜰하게 우려먹는 것이 오디에 대한 예의다. 덧 술을 부으려면 어느 과일재료든 간에 초벌 술의 1/3이 적당하다. 덧 술은 한 달 정도만 지나도 거를 수 있다. 초벌 술과 섞어 냉암소에 두면 숙성이 되어 맛이 좋아진다.

오디술은 검붉은 자줏빛이다. 와인글라스에 따르면 그 빛깔이 환상적으로 아름답다. 맛 또한 쓰지도 떫지도 않게 은은한데, 오디의 부드러운 향과 어우러져 마음을 평안하게 가라앉힌다. 맛도 향도 부드러운 오디술은 분위기로 마셔야한다. 시끄러운 자리, 왁왁대고 싸운 뒤에 홧술로 마시는 술이 아니다. 조용히 자신을 돌아볼 때, 침실에 들기 전에 가벼운 마음으로 한 잔 마시고 나면, 내가 바로 신선이 되었음을 깨달을 수 있을 것이다. 신선이 어디 따로 있으랴! 마음이 편하면 신선인 것을……

오디의 성분과 효능

오디의 주성분은 플라보노이드와 안토시아닌이며 단백질, 지질, 탄수화물, 화분, 칼슘, 철, 나트륨, 무기질, 비타민A와 C, B1, B2, 나

오디

이아신 등이 함유되었다. 활성산소를 제거하여 노화를 방지하는 물질인 항산화 색소 안토시아닌이 포도의 23배, 검정콩의 9배, 흑미의 4배 정도이며, 항산화력이 토코페롤의 7배정도의 함량이 있다는 것이 밝혔다. 철분은 복분자의 9배 비타민C는 사과의 14배, 비타민B는 70배, 칼슘은 포도의 11배 정도라고 하니 놀라운 현상이다.

특히 플라보노이드는 식료품의 종류에 따라 수많은 종류로 분류되는데, 블루베리, 콩류의 식품, 색이 짙은 야채, 녹차, 코코아, 초콜릿, 포도주 같은 식품에 다량 함유되었다. 플라보노이드는 세포 손상을 예방하고 회복시키는 기능이 뛰어난 물질로 밝혀졌다. 플라보노이드는 인체가 생성하는 유해물질인 산화성분을 희석시켜 몸 밖으로 배출하는 작용이 우수하여 유독물질에 의해 세포가 손상되는 것을 방지하며 예방한다. 내가 조사한 바에 의하면, 플라보노이드는 각종 취나물 종류와 야생과실에 풍부하게 함유되어있음을 확인했다.

오디는 예로부터 자양강장제로 알려져 있으며, 간장과 신장의 기능을 좋게 한다고 한방에서는 말한다. 따라서 당뇨로 인한 조갈증에 유효하며, 관절을 부드럽게 하여 류머티즘 치료에도 쓴다. 또한 알코올을 분해하고 불면증과 건망증에도 효과가 있으며, 머리가 세는 것을 막아 주는 조혈작용이 있다고 한다.

3. 머루와 새머루

머루

머루는 포도과에 딸린 야생포도다. 왕머루, 까마귀머루, 새머루가 있는데, 왕머루는 알이 굵고 까마귀머루와 새머루는 알이 잘다. 그냥 머루라고 하는 왕머루를 한자로는 머루넝쿨 영蘡 머루 욱薁자로 영욱蘡薁이라 하고 목룡木龍이라고도 한다. 이밖에 비교적 흔한 개머루가 있는데, 이는 약재로 쓸 뿐 식용은 하지 못한다.

까마귀머루와 새머루는 알이 잘지만 머루알이 다닥다닥 붙어 열려서 보기에 소담스럽다. 넝쿨도 머루와 달리 높은 나무를 감고 올라가지 않고 덤불을 이루는데, 잎도 작고 털이 없다. 특히 새머루는 양지쪽의 마른 개울 언덕이나 산자락의 덤불 숲 주변에 완전한 독립

적인 넝쿨을 이루는데, 생육이 워낙 왕성하기 때문에 다른 넝쿨은 질져서 같이 자라지 못한다. 그런 넝쿨을 만나면 2~3kg 넘게도 딸 수 있을 만큼 많이 열린다.

머루는 양지쪽의 산자락이나 산중턱의 돌서덜 지대에 주로 자생하는데, 높은 나무를 감아 올라가기도 하고, 나무가 없으면 덤불을 이루거나 돌서덜에 뻗어 나가며 자란다. 머루넝쿨은 암나무 수나무가 따로 있다. 수나무는 넝쿨이 아무리 무성해도 열매가 열리지 않고, 암나무는 넝쿨이 빈약해도 해마다 열린다.

6~70년대만 해도 머루가 참 많이 열렸다. 넝쿨도 무성하게 잘 자라고 열매도 포도송이처럼 탐스러웠는데, 요즈음은 넝쿨도 점점 빈약해지고 머루송이도 듬성듬성하니 보잘 것 없이 열린다. 십여 년 전만 해도 무성하던 머루넝쿨이 해가 갈수록 말라죽고, 새순이 돋아 넝쿨을 이루기는 하지만 엉성한 열매가 몇 송이 열린 듯 마는 듯 하다가 결국 말라죽는다. 상황으로 보아 머루나무는 공해를 많이 타는 나무임에 틀림없다.

내가 어릴 때는 웬만큼 깊은 산골짜기만 들어가도 머루 다래가 지천이었다. 머루넝쿨에 올라앉아 시커멓게 익은 머루를 실컷 따먹고 나면 나중에는 이빨이 시큰시큰하다. 머루에 싫증이 나면 다래넝쿨로 올라가 다래를 딴다.

머루와 달리 다래는 한꺼번에 익지 않기 때문에 익은 것은 먹고 덜 익은 것은 허리에 찬 종다래끼에 담는다. 머루 먹은 입에 다래를 실컷 먹고 나면 혓바닥이 쩍쩍 갈라져 피가 나기도 한다. 그래도 익은 다래를 버리기 아까워 따는 대로 먹다보면 배가 터질 지경이다. 머루 다래는 그렇게 많이 먹어도 배탈이 나지 않았다.

지금은 개량머루를 개발 육성하여 재배를 많이 해서 손쉽게 사먹을 수 있어 다행이다. 우리 고향 근처의 어느 농가에서는 새머루를 개량하여 재배하는 농장을 보았다. 역시 알은 잘지만 수확량은 보통 개량머루보다 많다고 한다. 개량머루가 달기는 더 달지만, 야생머루의 새콤하면서도 진한 향기에는 따르지 못한다.

채취한 머루

나는 아직은 시중에서 머루를 사지 않는다. 야생머루를 한해 5∼10여kg 쯤은 딸 수 있으니 구태여 살 필요가 없다.

술을 담을 야생머루도 씻지 않는다. 머루는 술을 담고 발효즙을 낼 수도 있다.

발효즙 담는 법: 머루 알을 따서 1:1분량으로 흑설탕을 버무려 알맞은 용기에 담아 밀봉해서 냉암소에 둔다. 용기는 되도록이면 가득

채우는 것이 좋다. 열흘 정도 지나면 설탕이 녹게 되는데, 이때부터 나무주걱을 사용하여 15일 간격으로 저어서 가라앉은 설탕을 녹여준다.

그렇게 3개월 정도 숙성시켜 진액을 거른다. 매실청처럼 걸쭉하고 색이 짙은 머루즙이 되는데, 입이 좁은 용기에 담아두고 2배 정도의 물에 타서 마신다. 오래 둘수록 맛이 짙어지지만 날씨가 더워지면 냉장고에 보관하는 것이 좋다.

머루주 담는 법: 머루를 송이 째 씻어 물기를 말린 다음 알을 딴다. 그래도 물기가 있게 마련인데, 햇볕에 말려 술을 담아야 한다. 머루는 당분이 많아 설탕을 치지 않아도 되지만, 설탕을 칠 경우는 적은 량의 설탕을 골고루 섞어 용기에 담아 밀봉해서 냉암소에 3~4일 두어 발효시킨다. 발효 된 머루에 30도 소주를 머루량의 2배정도 붓고 밀봉하여 냉암소에 보관한다.

설탕을 넣지 않을 경우에는 바로 소주를 부어도 되지만, 용기를 밀봉해서 하루 쯤 두었다가 소주를 부어도 된다. 요령은 위와 같고, 한 달에 두 번 정도 나무주걱으로 휘저어주는 것이 숙성을 돕는다. 3개월 정도 지나면 거르는데, 술만 따르고 덧술을 부어 한 달 정도 숙성시킨 뒤에 걸러서 먼저 술과 섞어 병에 담아 보관한다. 금방 마셔도 되지만 한 달 이상 숙성된 뒤에 마시면 술맛이 더 좋다. 모든 과일주는 냉암소에 두는 것이 맛과 향을 오래 간직하는 비결임을 새삼 강조한다.

내가 담아본 야생 과실주 중에 술맛은 머루술이 으뜸이었고, 그 다음이 복분자술이었다. 와인보다 짙은 검붉은 빛깔의 머루술은 그윽한 향과 맛이 황홀하다. 개량머루도 야생머루에 못지않다. 꼭 한번 머루술을 담아 보시기를 권한다.

머루의 성분과 효능

머루 넝쿨

머루에는 안토시아닌, 칼슘, 인, 철분, 비타민류와 유기산, 미네랄 회분들의 성분이 포도보다 10배 이상 높고 주성분인 안토시아닌은 항산화작용이 뛰어나다는 것은 앞에서도 거론하였다. 칼슘과 철분은 보혈강장 및 자양효과가 뛰어나다는 것은 과학적으로도 밝혀진 바이다. 머루의 다양한 성분은 심장을 강하게 하며 심장병을 예방하는데 도움이 되며 혈액순환을 원활하게 하여 당뇨에도 좋다고 한다.

　머루의 효과는 저혈압, 혈액순환, 부인병에 좋다고 하며, 특히 성장기 어린이 두뇌발달에 도움을 주며, 머루의 신맛은 식욕촉진과 소화촉진을 돕는 알칼리성식품이다. 따라서 불면증, 변비, 피로회복, 숙취, 피부미용에 효능이 있다는 것이 밝혀졌다.

　한방에서는 머루를 강장제 및 보혈제로 쓰며, 종창, 종화, 동상, 식욕촉진, 해독, 보혈, 폐질환, 이뇨, 두통, 요통에 좋다고 한다. 한방에는 머루를 말려 약재로 사용하며, 잎과 줄기, 뿌리를 약으로 쓴다.

4. 다래

다래 넝쿨

　다래 넝쿨을 등리藤梨 또는 등천료藤天蓼라 하고, 열매인 다래를 한방에서는 미후도獼猴桃라고 하여 약제로 쓴다. 미후獼猴는 원숭이 미獼에 원숭이 후猴자로 즉 원숭이를 한자로는 '미후' 라고 한다. 미후도는 태초부터 원숭이가 먹는 과일이었을 것이고, 인간도 오래 전부터 먹었음을 문헌에서 볼 수 있다. 고려시대에 불려지던 청산별곡青山別曲의 첫 연에도 머루와 다래를 노래했다. 쉬어 가는 셈치고 청사별곡이나 한 곡 부르고 갈까나.

청산별곡靑山別曲

살어리 살어리랏다 청산에 살어리랏다.
멀위랑 다래랑 먹고 청산에 살어리랏다.
얄리얄리 얄라성 얄라리 얄라

우러라 우러라 새여 자고 일어나 우러라 새여
너보다 시름 많은 나도 자고 일어나 우노라

가던 새 가던 새 보았느냐 들판으로 가던 새 보았느냐
이끼 묻은 쟁기를 들고 서서 물아래 가던 새 보았느냐.

이러고 저러고 하여 낮은 지내 왔것만은
올 사람도 갈 사람도 없는 밤은 또 어이 할거나

어디다 던지던 돌인고 누구를 맞히던 돌인고
미워할 사람도 없이 사랑할 사람도 없이 그 돌에 맞아서
내 울고 있노라

살어리 살어리랏다 바다에 살어리랏다.
나문재 굴조개 먹고 바다에 살어리랏다.

가다가 가다가 듣노라 외딴집 부엌을 지나다 듣노라
사슴이 장대에 올라서 해금을 켜는 걸 듣노라

바다로 가다가 돌아보니 배가 불룩한 술독에서 잘 익은

술을 빚는구나
조롱박꽃 같은 누룩냄새가 나를 붙잡으니 어이하리오
얄리얄리 얄라셩 얄라리 얄라

눈물이 쑥 빠지도록 아름다운 노래가 아닌가. 자고 일어나 우는 새보다 내가 더 외로워 울고, 올 사람도 갈 사람도 없는 밤이 외로워 울고, 내가 던진 돌에 내가 맞아 울고. 배가 불룩한 술독에 잘 익은 술을 보고 울고. 반가워도 울고, 기뻐도 울고, 외로워도 울고, 슬퍼도 울고. 우리는 참 잘도 운다.

나는 퍼드레하게 잘 자란 산나물 밭을 보고도 울고, 오롱조롱 탐스럽게 열린 머루 다래를 보고도 울고, 머루 다래로 빚은 술을 마시며 운다. 울고 나서 청산별곡을 부른다.

다래 넝쿨은 암나무 수나무가 따로 있다. 수나무 잎은 벌레가 먹어도, 암나무 잎은 벌레가 먹지 않는다. 대자연의 섭리에 그저 고개가 숙여질 뿐이다. 다래 넝쿨이 우거진 계곡이나 산비탈을 쳐다보아서 푸르고 무성한 넝쿨만 찾아가면 틀림없이 다래가 열려있다. 큰 넝쿨 하나 잘 만나면 한 말 정도 따는데, 다래를 따기는 좀 고생스럽다. 넝쿨이 휘감은 나무에 올라가서 따야하기 때문이다.

머루와 다래는 9월 중순경부터 익기 시작한다. 야생과실은 틀림없이 해 거리를 한다. 금년에 많이 열렸으면 이듬해에는 덜 열리는 것이다. 그러나 다래는 암수나무가 따로 있기 때문인지 해마다 그런대로 열리지만, 별나게 많이 열리는 해가 있기는 있다.

깊은 계곡의 돌서덜 지대에 자생하는 다래넝쿨은 얕은 나무를 휘감거나, 갈잎좀나무 숲에 엉겨 붙기 때문에 힘들이지 않고 딸 수 있다. 나는 그러한 지역의 암다래 넝쿨을 보아두고 해마다 가서 따오곤 한다.

한해 두서너 행보 다래 산행을 하면, 많이 열리는 해는 두세 말 정도 딸 수 있고 아무리 못 따도 한 말은 딴다. 다래는 한꺼번에 익지 않기 때문에 따다보면 물컹하게 익은 것이 많다. 익은 것은 즉석에서 먹어야지 함께 담으면 으깨져서 다래범벅이 된다.

나는 따온 다래를 절반은 술을 담고 절반은 즙을 담는다. 약간이라도 무르게 익은 것은 골라내고 단단한 것만 꼭지를 따서 씻어야 한다. 물기를 말릴 겸 약간 시들시들할 정도로 그늘에 말려서 쓴다.

다래술 담는 법: 다래를 딸 즈음이면 산머루도 익게 마련인데, 다래에 머루를 약간 섞어 술을 담으면 맛과 술의 빛깔이 곱다. 맛이 곱다는 것은 역하지 않다는 말일진데, 내 경험으로는 다래로만 담는 술맛보다 머루를 섞은 술맛이 훨씬 더 그윽하다는 것을 느꼈기 때문이다. 단 머루는 다래의 1/4이 넘지 않아야 적당량이다.

술을 담는 요령과 보관방법은 머루와 동일하고, 숙성 기간은 4~5개월이 적당하다.

다래즙 담는법: 손질한 다래와 흑설탕을 1:1로 잘 버무려 용기에 담고 밀봉하여 냉암소에 보관한다. 15일 쯤 지나면 설탕이 녹아 즙이 생기고, 설탕이 밑에 가라앉아 있다. 나무주걱으로 휘저어 설탕을 녹여주고 다시 밀봉하여둔다.

날이 갈수록 대래에서 즙액이 빠져 쪼글쪼글해지는데, 한 달에 한 번 정도 저어주며 4개월 숙성시킨다. 다래를 거르지 않고 그대로 둔 채 계절에 따라 뜨거운 물에 또는 찬물에 반반씩 타서 마신다. 이때 다래를 두서 개 띄워 먹으면 맛과 향이 기막히게 좋다. 머루 즙은 씨가 있어 건져 버리지만 다래는 몽땅 먹을 수 있어 참 좋다.

다래의 성분과 효능

채취한 다래

다래의 주성분은 비타민류와 특히 비타민C가 풍부하며, 유기산, 당분, 단백질, 인, 나트륨, 칼륨, 마그네슘, 칼슘, 철분, 카로틴 등이 다량 함유되었다. 이러한 성분들은 일찍이 항암 식품으로 인정받고 있는데 위암을 예방하고 개선하는 데 효과가 있다고 한다. 비타민C와 타닌이 풍부해서 피로를 풀어주고 불면증과 괴혈병 치료에도 효과가 있다고 한다.

한방에서는 미후도가 열을 내리고 갈증을 멈추게 하며 이뇨작용

도 탁월하다고 한다. 또한 만성간염이나 간경화증으로 황달이 나타
날 때, 구토가 나거나 소화불량일 때도 효과가 있다.

옛부터 다래가 소갈증에 좋다고 했는데, 소갈증이 바로 당뇨병이
다. 민간요법에도 심한 감기와 기침으로 목이 붓고 아플 때 말린 다
래를 달여 마시면 잘 듣는다고 했다. 술을 싫어하는 사람이라면 다
래를 말려두고 차로 달여 마셔도 좋다.

5. 오미자

오미자덩쿨

오미자는 목련과의 덩굴나무 열매다. 줄기와 잎의 생김이 다래와
비슷한데, 줄기도 가늘고 잎도 다래 잎보다 작다. 개오미자 라고 하는
오미자도 있는데 잎 뒷면에 희읍스레한 털이 있는 것만 다를 뿐, 넝쿨
도 열매 모양도 같다.

오미자五味子는 글자 그대로 다섯 가지 맛이 난다고 하여 오미자

다. 오미자를 따서 씹어보면 저절로 머리가 흔들리고 얼굴이 찡그려질 정도로 맛이 참 희한하다. 오미자의 주성분은 갈락탄(Galactan)이라고 한다. 갈락토스를 주성분으로 하는 다당류인데, 천연으로 존재하기는 드문 성분이라고 한다. 그러한 성분이 오미자에 다량 함유돼 있어서 그런지 여러 질병에 약제로 쓰인다.

오미자의 수분은 끈적한 점액질이다. 맛은 다르지만 끈적끈적한 점액질은 구기자와 비슷하다. 역시 점액질 성분 때문인지 오미자도 자양 강장과 폐질환으로 인한 유정과 음위에 좋다고 한방에서 말한다. 그 외에 진해, 거담, 지한, 지사, 급성 간염에도 약제로 쓴다. 오미자차를 자주 마시면 시력이나 기억력 감퇴가 개선되고, 피로회복에도 도움이 된다고 한다.

오미자는 인적이 드문 깊은 계곡의 개울가 돌자갈 버덩이나, 개울 양옆의 산비탈 초입에 주로 자생한다. 자생지 환경으로 보아 오미자는 습한 지역에서 많이 볼 수 있었다. 다래나 머루처럼 넝쿨이 무성하지 않아 자잘한 나무를 감아 올라가기 때문에 멀리서는 넝쿨을 구별할 수 없다. 넝쿨은 많이 눈에 띄지만 열매가 열리지 않는 것으로 보아 오미자도 암수나무가 따로 있는 것 같다.

지금은 오미자 재배를 많이 하여 시중에서 쉽게 구입할 수 있다. 야생의 오미자는 8월 말경부터 빨갛게 익기 시작한다. 머루처럼 송이를 이루어 열리지만 송이가 탐스럽지 않고 엉성하다. 너무 익으면 열매가 터져 끈적한 점액이 나오기 때문에 상용가치가 없고, 불그레하게 익을 무렵 따는 것이 좋다.

높은 나무를 감아 올라가지 않아 따기는 좋지만 많이 열리지는 않는다. 빨갛게 익기는 하지만 워낙 엉성하게 열려 좀체 눈에 띄지 않지만, 있는 지역을 찬찬하게 살펴보면 주변에 꽤 여러 넝쿨을 볼 수 있다. 자생지를 잘 만나면 한 됫박씩 딸 수도 있지만 흔하지는 않다. 오미자도 이십여 년 전 만해도 많이 열리는 것을 보았는데, 지금은 그런 넝쿨을 전혀 볼 수 없고 송이도 탐스럽지 않다.

나는 일삼아 한해 한두 번씩 오미자를 따러 간다. 많이 열리는 해는 한 말 정도는 따지만, 보통 한두 됫박이 고작이다. 오미자는 수분 자체가 점액질이기 때문에 일반 가정에서는 말리기는 어렵다. 불그스레 익을 무렵 따면 햇볕에 말릴 수도 있다지만, 야생오미자를 그런 적기에 따기도 어려울뿐더러 구태여 말릴 필요도 없이 나는 술을 담는다. 때로는 오미자 재배 농장에 가서 사오기도 하는데 양이 많으면 매실처럼 오미자청을 담는다.

오미자 역시 씻을 필요는 없고, 따온 즉시 꼭지를 따서 술을 담는데, 오미자는 맛이 워낙 시고 떫기 때문에 여느 과실보다 설탕을 약간 더 쳐도 상관없다. 단 것이 싫다면 설탕을 가감하면 내 기호에 맞는 술을 빚을 수 있으므로 가양주 담기는 즐겁다.

오미자는 자체가 맛이 진하고 귀한 재료이므로 소주를 넉넉하게 부어도 술맛과 향이 좋다. 가령 오미자가 한 되라면 소주를 석 되 정도 부어도 된다. 열매가 자잘하기 때문에 한 달에 한번 정도 저어주고, 두 달이 넘으면 술을 거른다. 모든 과일주는 마지막으로 저어주고 나서 2~3일 뒤에 거르는 것이 좋다. 술 담는 요령은 머루나 복분자와 같다.

오미자 역시 거른 뒤에 덧술을 부었다가 한 달 뒤에 걸러 초벌 술과 섞어 숙성시킨다. 오미자술도 가양주로서는 고급이다. 각자 취향과 기호에 따라 다르겠지만, 나는 머루술과 복분자술 다음에 오미자

술을 꼽는다. 오미자술은 원료 자체에서 다섯 가지 맛이 나므로 술맛 역시 시고 떫고 맵고 참 희한하다. 술 색깔도 복분자술에 가까운데, 내가 남 주기 가장 아까워하는 술이 오미자술이다.

구기자와 오미자를 섞어 술을 담아도 좋다. 생구기자를 구하기 어려우면 마른 것도 상관없지만, 너무 많이 섞으면 좋지 않다. 마른 구기자를 사용한다면 생것이었을 때의 량을 염두에 두어야 한다. 두 가지 재료가 모두 빨갛게 익는 열매이므로 술 색깔도 아름답고, 오미자의 진한 맛과 구기자의 순한 맛이 조화를 이루어 술맛이 깊고 그윽하다.

오미자청 담는 법 역시 머루나 다래와 같다.

오미자의 성분과 효능

오미자의 주성분은 갈락탄(Galactan)이다. 갈락토스를 주성분으로 하는 다당류인데, 천연으로 존재하기는 드문 성분이라고 한다. 이밖에 주석산과 말산, 칼슘, 인, 철분, 단백질, 당질, 지방, 회분, 니코틴산 등이 함유되었다. 뿐만 아니라 비타민A, C가 어느 생약재보다 많이 함유되어 신경계통에 활력을 주고, 특히 눈의 피로와 시력 감퇴를 개선하는 데 효과적이라고 한다.

오미자五味子는 글자 그대로 다섯 가지 맛이 난다고 하여 오미자다. 감甘, 산酸, 고苦, 신辛, 함鹹의 다섯 가지 맛인데, 그 중 신맛이 강하다. 오미자를 따서 씹어보면 저절로 머리가 흔들리고 얼굴이 찡그려질 정도로 맛이 참 희한한 열매다.

오미자는 혈액 중의 혈당치를 낮추어주므로 당뇨병에 효과가 있으며, 꾸준히 복용하면 머리를 맑게 하고 피로회복에도 좋다. 정력

야생오미자

에도 좋아 오미자를 자주 먹으면 남자의 정기가 고정되어 몽설, 유정, 조루증 등을 예방하며 증진시키고, 특히 더위에 지쳐서 심한 갈증을 느낄 때 오미자 차나 즙을 마시면 빨리 효과를 볼 수 있다.

6. 아가위(산사)

아가위는 능금나무과에 딸린 산사나무의 열매다. 한자로는 산사山査, 당리棠梨 또는 당구자棠毬子라고 하는데, 아가위 당棠자가 따로 있는 것으로 보아 옛부터 식용과 약제로 써왔음을 알 수 있다.

중국 아가위는 크기가 밤톨만큼씩해서 아이들이 즐겨 먹는 과일이고, 고기 먹은 후식으로 아가위 죽을 끓여먹는 등 음식 재료로도 널리 쓰인다고 한다. 우리나라 아가위는 크기가 은행알 만큼씩하다. 옛날에는 아가위를 쪄서 씨앗을 발라내고 대추와 함께 넣어 시루떡을 해먹기도 했다. 아주 어릴 때의 기억이긴 하지만, 시루떡에 박힌 아가위의 맛이 새콤하니 대추보다 좋았던 기억이 난다.

아가위는 동네 인근의 산자락이나 계곡에 많이 자생한다. 수목이 울창한 산이나 높은 산에서는 볼 수 없고, 주로 낮은 지대의 계곡 주변에 많다. 산사나무에는 굵은 가시가 있고, 보통 4~5m쯤 자라서 가지가 옆으로 퍼진다. 많이 열리는 해는 나무 전체가 온통 새빨갛도록 열려 보기에도 장관이다. 아가위가 빨갛게 익으면 잘 익은 사과의 색깔 그대로이고, 모양도 사과와 비슷하다.

우리나라 아가위는 두 종류가 있다. 나무 생김이나 잎의 모양은 같지만 열매가 다르다. 예전에는 참산사, 개산사로 구분을 했었는데, 참산사는 열매가 동그랗고 개산사보다 굵으며 익으면 색깔도 곱다. 개산사는 알이 잘고 배꼽이 뾰족한데, 익어도 색이 진하지 않다. 맛은 비슷하지만 말려도 모양이 다르기 때문에 개산사는 값이 덜했다. 내가 어릴 때는 산사를 따다 말려놓으면, 약초장사꾼들이 거두어 갔는데 참산사 값을 더 쳐주곤 했었다.

나는 지금도 산사를 따러 가면 우선 실컷 따먹는다. 개산사는 알이 잘아 먹을 게 없지만, 참산사는 알이 통통해서 제법 먹을 게 있다. 속은 씨가 꽉 차있어 겉만 갉아먹는데, 새콤달콤한 맛이 참 좋다. 하루 종일 먹어도 싫증이 나지 않고, 하루 종일 먹어도 배부르지 않은 것이 산사다.

아가위는 옛부터 소화제로 알려진 약제다. 체했거나 소화가 안 될 때 말린 아가위를 달여 먹었고, 특히 고기 먹고 체했을 때 즉효라고

잘 익은 아가위

했었다. 옛날 시골에서는 집집마다 닭을 키웠는데, 오래 묵은 수탉이나 알을 못 낳는 늙은 암탉을 삶아 먹을 때 아가위를 넣고 푹 고았다. 아가위를 넣으면 닭 비린내도 없어질 뿐더러 질긴 닭고기가 약병아리 고기처럼 연해진다고 했었다.

아가위는 농익으면 벌레가 생기기 때문에 불그레하게 익기 시작할 무렵 따는 것이 좋다. 깊은 계곡에서 자란 나무는 벌레가 덜하지만, 인가 근처의 아가위는 특히 벌레가 많다. 아가위는 술을 담거나 말려두고 차로 달여 마시면 좋다. 아가위 차는 구연산이 많아서 피로회복과 숙취에 효과가 좋다는 것을 나는 경험했다.

아가위 술을 과음하고 혼이 난 적이 있었다. 포천에 상주하며 글을 쓸 때였다. 뒷동산에 아가위나무가 많아 해마다 술을 담아놓고는 매일 한두 잔씩 반주로 마시곤 했었다. 어느 날 친구 둘이 마음먹고 찾아와서 술을 마시게 되었는데, 마시다 보니 소주가 떨어졌다. 밤중에 멀리 있는 가게에 갈 수도 없어 아가위술을 항아리 째 내려놓고 셋이 퍼 마시고는 모두 그 자리에 고꾸라졌다.

아침에 일어나 보니 말들이 술항아리가 반은 줄었는데, 세 사람 모두 배를 쓸어안고 방바닥을 기어야 할 정도로 속이 쓰려 못 견딜 지경이었다. 결국 내가 십리도 넘는 약방에 가서 제산제를 비롯한 위장약을 지어다 먹고 속을 가라앉혔지만, 속에 탈이 나서 며칠 고생을 했었다. 아가위는 그 자체가 강력한 소화제인데, 진액이나 다름없는 아가위 술을 두 홉들이로 네댓 병 이상씩 마신 셈이니 위장에 탈이 안 났다면 외려 이상할 것이다.

아가위 술 담는 법 역시 머루나 다래와 같다. 작자의 취향에 따라 설탕을 넣거나 그냥 담아도 된다. 아가위 술은 향은 별로 없지만, 빛깔과 맛은 아름답다. 술맛은 새콤하면서도 부드러워 입맛이 당기지만 절대 과음은 하지 말아야 한다.

말린 아가위는 차를 끓여 마시면 좋다. 아가위 끓이는 냄새는 마치 숭늉 냄새처럼 구수하다. 처음 냄새를 맡는 사람은 숭늉 냄새와 착각할 정도로 비슷하다. 냄새와 달리 맛은 약간 새콤한데, 기호에 따라 꿀이나 설탕을 타면 과일주스에 버금가게 맛이 괜찮다. 넉넉하게 끓여 냉장고에 넣어두고 갈증이 날 때 마시면, 새콤하면서도 구수한 그 맛이 입에 배어 굳이 설탕을 타지 않아도 싫증이 나지 않는다.

아가위의 효능

아가위에는 비타민C가 주성분이고 사과산, 주석산, 콜린, 당류, 레몬산 등이 함유되었다. 아가위는 성질은 약간 따뜻하고 맛은 시고 달다.

『본초강목』에는 '아가위는 음식을 소화시키고 육적(고기에 체한 것)과 담음(늑막염), 함산(위산과다), 체혈통(어혈)을 없앤다. 두통을 없애고, 나무뿌리는 적취를 다스리고 반위(구토)를 치료한다.'고 기록되었다.

한방에서는 아가위가 심장부정맥이나 심근염 등 심장병에도 효과가 있다고 하며, 고혈압에는 아가위 열매보다 잎을 말려서 달여 먹는 것이 더 좋은 효과를 본다고 했다. 특히 육류를 많이 먹어서 체했거나 소화가 안 될 때, 속이 더부룩할 때 효과가 좋다. 또한 아가위는 혈관을 확장시키고 혈류의 흐름을 좋게 하는 작용이 있어 혈압을 완만하면서도 지속적으로 낮춘다. 특히 핏속의 지방질을 없애는 효력이 크므로 동물성 지방질을 많이 먹어서 생긴 고혈압과 심장질환에

아가위나무

효과가 크다고 한다.

7. 도토리

　도토리는 너도밤나무과에 딸린 참나무, 상수리나무, 떡갈나무의 열매를 통틀어 일컫는 이름이다. 대충 세 종류의 나무로 분류했을 뿐이지, 서로 엇비슷하게 닮은 잡종으로 같은 성체成體라도 크고 작은 나무와 잎의 크기에 따라 도토리의 크기와 모양도 달라서 대여섯 종이 넘는다.

　한자로는 각기 다른 나무의 이름이 따로 있어서 견목, 곡속, 괵목, 포목, 작목, 역목, 박속 등으로 분류하지만, 나도 이름에 맞는 나무를 구분하지는 못한다. 다만 병마개의 원료로 쓰는 코르크가 껍질인 상

도토리

수리나무와 떡갈나무, 흔히 말하는 참나무의 도토리가 굵고 실하다
는 것만 알고 있을 뿐이다.

우리나라에서 제일 많은 나무가 도토리나무일 것이다. 인가 근처
에서부터 해발 1천 미터 이상의 산에서도 참나무와 상수리나무가
자생한다. 그러나 떡갈나무는 높은 산에 없다. 도토리는 구황식품으
로 옛부터 우리 민족이 먹고살았던 식량의 일부였다.

지금도 우리가 사시사철 즐겨먹는 도토리묵의 원재료가 바로 도
토리가 아니던가. 도토리나무는 초여름에 들판을 내려다보아서 풍
년이 들것 같으면 열매를 덜 맞고, 흉년이 들 성싶으면 열매를 많이
맺는다고 하여 영험 있는 나무라고 했었다.

요즘 사람들은 도토리를 묵으로만 먹는 줄 알겠지만, 옛날에는 주식의 일부였다. 도토리묵, 도토리밥, 국수, 수제비를 해먹었으니 주식이 아닐 수 없다. 도토리가 풍년이 든 해는 농사가 흉년이기 마련이었는데, 식구가 많은 집에서는 온 식구가 도토리를 주워 날라 두세 가마씩 장만해 두고는 하였다. 살기가 어지간한 집들도 몇 말씩 주워다가 겨울에 맛맛으로 먹는 별식이기도 했었다.

도토리는 벌레가 먹기 때문에 주워온 즉시 손질을 해야 한다. 묵이나 수제비를 해먹을 도토리는 껍질을 까서 잘게 쪼개 말려야 한다. 반으로 갈라놓아도 벌레가 먹으므로 잘게 쪼개는 것이 필수적이다. 옛날에는 그 많은 도토리를 까서 쪼갤 수 없으니 쪄서 말렸다. 일단 찌면 벌레가 못 먹지만 녹말을 낼 수는 없다.

찐 도토리는 햇볕에 말려두고 먹을 때마다 덜어서 절구에 빻는다. 빻은 도토리를 키로 까불면 도토리쌀이 되는 것이다. 도토리쌀을 물에 불려 떫은맛을 우려내고 적두팥과 섞어 푹 삶아 으깨면 도토리밥이 된다. 도토리밥을 도토리범벅이라고도 했는데, 약간 떫고 쌉쓰름해서 사카린이나 당원을 쳐서 먹었다. 맛이 구수하고 달아서 아이들은 외려 깡조밥이나 강냉이밥보다 좋아했고, 배가 쉬이 꺼지지 않고 속이 든든해서 더욱 좋았다.

생으로 쪼개서 말린 도토리는 물에 불릴 겸 우려내고, 맷돌에 갈아 보자기에 짜서 녹말을 가라앉힌다. 녹말이 가라앉아 맑은 물이 되었을 때, 물을 따라내고 녹말을 숟가락으로 떠내서 종이나 보자기를 깔고 말리면 도토리 녹말이 되는 것이다.

도토리 녹말로는 별식인 묵을 쒀먹고, 밀가루와 섞어 수제비를 뜨고 국수를 해먹었다. 밀가루에 도토리 녹말을 섞으면 분한이 늘어나 밀가루를 느루 먹을 수 있었으니, 도토리 줍는 것도 농사였고 그래서 구황식품이었다.

도토리나무를 두고 구태여 자생지니 군락지니 말할 필요가 없을 것이다. 그러나 분명하게 알아두어야 할 상식이 하나 있다. 인가 근처의 야산 도토리보다는 높은 산 도토리가 대글대글하고 벌레도 덜 먹는다는 사실이다. 야산에는 다람쥐나 청설모 등 도토리를 먹는 산짐승이 많으니 짐승의 먹이로 두고, 사람은 높은 산의 도토리를 줍는 것이 자연에 대한 답례고 예의다. 서울 근교의 도토리는 8월 말경부터 익어 떨어지지만, 깊은 산의 도토리는 9월 중순이 돼야 한창이다.

지금은 옛날 같지 않아 농사가 해마다 풍년이 든다지만, 도토리나무는 그래도 흉년을 알아보는지 많이 열리는 해가 따로 있다. 도토리 풍년이 든 해는 산비탈이 벌겋게 온통 도토리가 지천이다. 땅바닥에 벌겋게 널린 도토리는 보기만 해도 탐스럽고 눈이 즐겁다. 인적이 드문 깊은 산의 도토리는 그대로 썩어난다. 욕심을 부려 줍는다고 해도 지고 올 수가 없을 정도다.

나는 십여 년 전부터 해마다 도토리를 줍는다. 너무 많이 주어 나르면 뒷일이 고역스러워 그저 서너 말 남짓으로 만족한다. 도토리를 줍기는 재미있지만 입에 들어가기까지는 부단한 노력을 감수해야 한다. 도토리는 주워다 놓고 사나흘만 지나면 껍질만 남는다. 주워온 즉시 껍질을 까야 하는데, 바닥에 도토리를 깔아놓고 벽돌로 내려치거나 문질러서 부셔야 한다. 암튼 어떤 방법으로든 껍질을 까서 잘게 쪼개 말려야 한다.

말린 도토리쌀은 바람이 통하는 자루에 넣어두고, 도토리묵이 먹고 싶을 때마다 한 됫박씩 떠다가 물에 담가둔다. 몇 시간 뒷면 짙은 밤색 물이 우러나는데, 맑은 물이 될 때까지 2~3일 우리면 도토리쌀이 퉁퉁하게 붇는다. 불은 도토리쌀을 믹서에 갈아서 자루에 담아 진액을 짜낸다. 짜낸 물을 밑바닥이 넓은 그릇에 담아두면 녹말이 가라앉는다.

도토리 녹말은 날씨가 더워 물이 미지근하면 절대 가라앉지 않는다. 그럴 때는 얼음이라도 넣어서 물을 차게 해야 잘 가라앉는다. 그래서 도토리묵은 겨울에 해먹는 것이 좋다. 물이 말갛게 녹말이 가라앉으면 물을 따라내고, 묵을 쑬 솥에 긁어 담아 묵이 될 적당량의 물을 맞춰 끓인다.

끓기 시작하면 주걱으로 계속 저어야 눋지 않는다. 끓는 묵을 주걱으로 떠서 떨어뜨려 보아 똑똑 방울지듯이 떨어지면 알맞게 쑤어진 것이라고 하지만, 그 가늠은 경험에 의해서만 터득할 수 있을 것이다. 일단 쑤어진 묵을 운두가 얕은 그릇에 퍼 담아 식히면 비로소 도토리묵이 완성되는 것이다. 도토리녹말 가루로 묵을 쑬 경우는 가루의 8배정도의 물을 부어 잘 풀어 묵을 쑨다. 즉 가루가 한 컵이면 물 8컵을 부어야 한다는 말이다.

도토리묵을 한번 해먹어본 사람들은, 그깟 도토리묵 차라리 안 먹고 말지 그 고생 다시는 안 한다고 머리를 젓는다. 하지만 두 번, 세 번만 해보면 그 맛과 재미를 잊지 못한다. 시중에서 파는 도토리묵에 도토리가루가 과연 얼마나 포함됐을까를 내 손으로 직접 해보면 알 수 있기 때문에 진짜 도토리묵 맛을 더욱 잊을 수 없는 것이다.

게다가 식구끼리 오순도순 머리를 맞대고 도토리를 갈고 거르고 묵을 쑤는 그 재미 또한 쏠쏠하고, 온 식구가 둘러앉아 진짜 도토리묵을 먹는 맛 또한 기막히게 좋다. 어디 그 뿐이랴! 보고 싶은 사람을 초대해서 자랑 겸 묵 대접을 한다던가, 다정한 이웃이 있다면 한 모씩 나누어 먹으면, 언젠가는 그 묵이 떡이 되어 돌아오고 술이 되어 온다는 것을 나는 경험으로 안다.

겨울이면 나는 메밀묵을 자주 사다 먹는다. 옛날 시골에서 해먹던 메밀묵에 비하면 맛이 아니지만, 메밀묵이 먹고 싶어지면 참을 수 없어 그나마 사다 먹어야 한다. 메밀묵이든 도토리묵이든 내가 해먹는 묵요리는 식당에서 먹는 묵요리와 다르다.

혹시 충청도 박달재를 넘어본 사람이라면, 박달고개 정상에 있는 묵집을 알 것이다. 하루 온종일 '울고 넘는 박달재' 노래만 틀어주는 곳으로도 유명한 집인데, 그 집 묵요리가 두 가지로 채친묵, 골패묵이다. 채친 묵은 채 치듯이 가늘게 친 묵이고, 골패묵은 골패처럼 나박나박 친 묵인데, 김칫국물에 말아 참기름을 쳐서 먹는 묵무침이다.

내가 집에서 즐겨 해먹는 묵무침도 바로 그런 식이다. 시원한 겨울김칫국물에 도토리묵이나 메밀묵을 굵직굵직하게 쳐서 넣고, 김치를 송송 썰어 얹어 들기름과 깨소금에 버무려 먹어보면 별미가 따로 없다. 게다가 내 손으로 공들여 해먹는 그 맛은 더욱 별나게 마련이다.

도토리 역시 식용뿐만 아니라 약용으로도 쓰인다. 말린 도토리를 설사와 장출혈, 혈변이 있을 때 다려 먹는다지만, 구태어 약으로 먹을 필요 없이 도토리묵만 자주 먹어도 그런 잡병에는 걸리지 않을 것이다. 특히 술을 자주 마셔 설사를 한다거나 오줌소태가 걸렸을 때도 도토리묵을 먹으면 좋다고 한다. 고기도 먹어본 사람이 맛을 안다고, 도토리묵도 먹어본 사람이 진미를 알게 마련이다. 진미를 터득하면 도토리묵 만들기도 즐거워지지 않을까.

도토리의 성분과 효능

도토리의 주성분은 탄닌과 아콘산이다. 이밖에 회분, 탄수화물, 단백질, 식물성지방이 풍부하며 60~80%가 녹말이다. 특히 탄닌과 아콘산은 인체 내부의 중금속 및 여러 유해물질을 흡수, 배출시키는 작용을 한다. 1989년 10월 28일 과학기술처에서는 도토리에 항암작용이 있다고 발표하기도 했다.

도토리는 피로회복 및 숙취에 탁월한 효과가 있고 소화기능을 촉진시키며 자양강장에 탁월한 효능이 있다. 따라서 위장과 대장의 기능을 강화하며, 당뇨 등 성인병 예방과 비만에 효과가 있는 것으로 밝혀졌다. 도토리는 완전 무공해식품으로 열량이 100g당 70kcal로 나타나 다이어트에 좋은 식품으로 최근에 각광을 받고 있다.

동의보감에는 배에 늘 가스가 차서 부글거리는 증상, 불규칙적으로 대소변을 보는 증상, 몸이 자주 붓는 증상에 효능이 있다고 했다. 한방에서는 입 안이 잘 헐고, 잇몸에서 피가 자주 나는 잇몸염, 인후두염에 효과가 있다고 했으며, 임질통, 축농증, 치질, 여인의 냉증, 월경통에도 좋다고 했다.

8. 밤

밤나무는 참나뭇과의 낙엽교목이다. 밤을 한자로는 율자栗子라고 쓴다. 밤은 제사상에 빠질 수 없는 과일 조율이시(棗栗梨柿: 대추·밤·배·감) 중의 두 번째 과일이다. 제사상에 네 가지 과일이 오르는 이유가 있다.

대추는 씨가 하나다. 하나는 임금을 의미한다. 밤은 한 송이에 세 톨

이 들어있다. 셋은 삼정
승(三政丞: 영의정·좌의정·우
의정)을 의미한다. 배에는 씨
가 여섯 개 들어있다. 이
는 육판서(六判書: 이조·예
조·병조·호조·형조·공조)를
의미한다.

이는 조선시대 사대
부가에서 제사에 쓰는
제례법도였는데, 상민
과 평민들은 이러한 제례

밤송이

법을 쓰지 못하게 단속했다고 한다. 밤은 이렇듯이 예로부터 궁중제례에
빠질 수 없는 귀한 과일이어서 경기도 양주밤과 평안남도 함종咸從 밤이
유명해서 궁중에 진상했다는 기록이 있다.

가을부터 봄까지 길거리 곳곳에 군밤장수가 많다. 밤은 남녀노소
누구나 즐겨 먹는 견과류 중의 하나다. 그러나 먹는 방법은 삶아 먹거
나 군밤으로, 더러는 검은콩처럼 밥에 놓아먹는 것이 고작이다. 그러
나 나는 밤을 식용으로 이용하여 즐겨 먹는다.

밤도 많이 열리는 해가 따로 있는데, 거의 해거리를 한다. 그해 많
이 열렸으면 이듬해에는 훨씬 덜 열리는 것이다. 나는 많이 열리는 해
에는 예닐곱 말 정도는 주위온다. 주로 야생 토종밤인데, 벌레가 많고
크기도 일정치 않다. 주위온 밤은 즉시 크기를 분류하여 굵은 밤은 생
율로 먹고 자잘한 밤은 햇볕에 말린다.

굵은 밤은 밀폐용기에 담아 김치냉장고에 보관하면 벌레가 먹지

않고 상하지도 않게 2~3개월은 저장할 수 있다. 저장한 밤을 시간이 날 때마다 까서 생으로도 먹고 밥에 놓아먹기도 하고, 베이컨에 말아 전제레인지에 구워 술안주나 간식으로 먹는다. 요즈음은 밤 까는 가위가 있어서 쉽고 빠르게 밤을 깔 수 있어 좋다.

자잘한 밤은 양지쪽에 널어 말리는데, 되도록 빨리 말리는 것이 좋다. 벌레가 먹거나 말거나 그냥 열흘 정도 말리면 거의 마르는데, 배추나 양파 망에 담아 바람이 잘 통하는 곳에 걸어두어 겨울을 난다. 3, 4월이 되면 껍질 속의 밤은 돌처럼 마르는데, 시멘트 바닥에 깔아놓고 발로 밟으며 비비거나 나무판자로 두들기면 속껍질까지 잘 벗겨진다.

노랗게 벗겨진 알밤을 가루로 만드는데, 방앗간에서는 빻을 수 없다. 요즈음은 미숫가루를 가공하여 파는 선식집이 많다. 바로 그 선식 집에서 밤을 갈아준다. 밤 가루는 위생봉지에 넣어 냉동실에 보관해야 오래 저장할 수 있다.

밤 가루 식용법: 밤 가루는 식용범위가 넓다. 밀가루와 섞어 칼국수나 수제비를 떠먹을 수 있고, 밤죽을 쑤어 먹을 수 있으며, 부침가루와 섞어 부침개를 해먹으면 구수한 맛이 일품이다. 또한 식사대용으로 우유에 타서 먹거나 보리차에 타서 먹으면 훌륭한 식사가 된다.

밀가루와 도토리가루, 밤 가루를 섞어 칼국수나 수제비를 해 먹을 수도 있고, 도토리가루와 밤 가루를 반반씩 섞어 수제비를 떠먹으면 그 구수한 맛이 기막히게 좋다. 그 영양가는 구태여 말할 필요가 없이 웰빙 다이어트 식품이다.

밤의 성분과 효능

　밤의 성분은 당질, 단백질, 회분, 섬유질, 지질, 철, 인, 칼슘, 칼륨, 등 탄수화물과 쌀의 4배나 되는 비타민B1이 함유되었고, 비타민A, B, C 등이 다량 함유되었다. 특히 밤의 노란색은 카로티노이드 색소인데, 체내에 흡수되어 비타민A로 바꾸는 영양작용을 한다.

　밤에 함유된 성분들은 특히 어린이의 발육과 성장에 필수적인 영양소들이다. 실제 우리들 어릴 때는 영양실조에 걸려 살가죽이 쭈글쭈글한 아이들을 명주바지 입었다고 했는데, 그런 아이들에게 밤죽을 보름 정도만 먹여도 살이 보얗게 오르는 것을 눈으로 보았다. 또한 어린아이가 서너 살이 되도록 걷지 못하는 허약증에 밤을 장복시키면 금방 걸어 다닌다고 했다.

알밤

　생밤의 비타민C는 예로부터 술안주로 즐겨 먹었는데, 숙취해소에 탁월한 효능이 있으며, 위장기능을 강화하는 효소가 풍부하여 성인병 예방에 효과가 좋다고 알려져 있다. 말린 밤은 특히 신장의 과일이라고 불릴 만큼 신장병의 특효약재로 쓰며, 위장과 비장의 기능을 강화시켜 소화불량과 구토, 설사에도 특효라고 한다. 또한 밤의 다양한 성분은 근육을 강화하고 키우는데 탁월한 효능이 있어 운동을 많이 하는 사람에게는 필수적인 식품으로 알려졌다.

박충훈 朴忠勳

강원도 영월출생.

1988년 「월간중앙」 공모 논픽션 <金馬里 3·1運動 秘史> 당선.

1990년 「월간문학」 소설부문 신인문학상으로 등단.

1992년 전업 작가로서 장편소설 <강물은 모두 바다로 흐르지 않는다> 전2권을 출간하며 본격적인 작품 활동을 시작.

장편소설 <그대에게 못다 한 말이 있다> <우리는 사랑의 그림자를 보았네>

장편역사소설 <세종&김종서 君臣>

대하역사소설 <대왕세종> 전3권.

장편논픽션 <태극기의 탄생> 등 호흡인 긴 장편소설을 주로 쓰며 많은 중단편 소설을 여러 문예지에 발표.

작품집 <그들의 축제> <남아있는 사람들> <동강> <못다 그린 그림하나> <남녘형님 북녘형님> <동티> 등에서는 향토애와 토착적인 정서를 바탕으로 사회개혁과 통일에 대한 염원을 주로 다루었다.

30여 년간 산행을 하면서 전국의 야생 약초와 산나물에 대한 관심과 애정을 가져 '산야초연구가'로 활동하며 건강실용서 <밥상위의 보약 산야초를 찾아서> <야생 생약재로 보약주 만들기> <소설가 박충훈의 건강차 35선> <잘먹고 잘누고 잘자는 법> 등의 저서를 출간.

2009년 9월. 조선일보 공모 장편 논픽션대상 <태극기> 당선.

2009년 대하역사소설 <대왕세종>으로 서울시문학상을 수상.

뜯고 따고 캐고 맛보고 즐기는
산야초 기행

| 초판 1쇄 인쇄일 | 2011년 5월 4일 |
| 초판 1쇄 발행일 | 2011년 5월 6일 |

지은이	박충훈
펴낸이	정구형
총괄	박지연
편집 · 디자인	김현경 김민주
마케팅	정찬용
관리	한미애
인쇄처	파란애드
펴낸곳	**국학자료원**

등록일 2006 11 02 제2007-12호
서울시 강동구 성내동 447-11 현영빌딩 2층
Tel 442-4623 Fax 442-4625
www.kookhak.co.kr
kookhak2001@hanmail.net

| ISBN | 978-89-279-0126-6 *03480 |
| 가격 | 15,000원 |

· 저자와의 협의하에 인지는 생략합니다.
· 잘못된 책은 구입하신 곳에서 교환하여 드립니다.